그림으로 처음 만나는

재개발 · 재건축

현지영 글 · 그림

Spacetime

그림으로 처음 만나는
재개발 · 재건축

1판 발행일 2009년 4월 10일 발행

현지영 글 · 그림

발행인 김기현
발행처 시공문화사 Spacetime
등 록 1993년 3월 12일
주 소 서울시 서대문구 현저동 200 극동 5층
전 화 02) 3147-1212, 2323
전 송 02) 3147-2626
ISBN 978-89-5592-119-9

http://www.spacetime.co.kr
spacetime@korea.com

정가는 표지 뒷면에 표기, 파본은 교환해 드립니다.

머리말

책은 지식이 높으신 박사님들만 낼 수 있는 줄 알았는데, 저 같은 하위 공무원에게도 이런 기회가 오다니 도움주신 출판사와 가족, 직장 동료들에게 감사할 따름입니다.

부산에서 근무하는 평범한 구청 시설(건축)직 공무원에게 이런 기회가 온 것은 아마도 그림 때문이지 않나 싶습니다. 구청에서 건축행정 일을 하면서 일러스트를 그리는 일은 흔치 않으니까요. 하지만, 정식으로 미술을 배운 적이 없는 부끄러운 그림들이라, 독자들을 시각적으로 괴롭혀 드리지 않을까 무척 조심스럽습니다.

이 책을 보시면서 저자가 재개발관련 업무를 보았나보다 라고 생각을 하실 지도 모르겠습니다만 사실 저는 한번도 그 분야의 업무를 해본 적이 없습니다. 그러나, 대담하고 무모하게 전혀 접해보지 않은 재개발이야기를 하게 된 이유는 구청에서 일하면서 옆에서 지켜본 재개발 민원인들의 애끓는 절박함을 보았기 때문입니다. 대부분 가난하고 배운 것이 없으신 나의 부모 같고 이웃 같은 수많은 분들이 구청에서 라면을 끓여먹으며 차가운 바닥에서 주무시는 모습들을 보면서 재개발 · 재건축이 도대체 어떤 것인지 너무도 궁금했습니다.

하지만, 공부해가면서 만나본 재개발 법령책들은 어쩌면 당연하겠지만, 너무도 방대하고 어려웠습니다. '알기쉬운~' 이라고 붙여진 책들도 저에겐 그 내용이 전혀 알기 쉽지 않았으니까요. 건축행정일을 하는 제가 어려웠다면 서민들은 오죽할까 하는 생각이 들었습니다.

더욱이 시중에 나와 있는 재개발 · 재건축 관련 서적들은 '부자되기 위한 투자의 목적' 으로 씌어진 경우가 대부분이었습니다. 물론 그런 목적의 책도 중요하긴 하지만, 정비구역안에 살고 계신 분들을 위한 교양서적 같은 쉬운 책들을 만나볼 수가 없어 너무 아쉬웠습니다.

해서 필요한 분들께 조금이나마 도움을 드리고 싶어 저 같은 자격미달의 부족한 사람이 이러한 책을 선보이게 되었습니다.

앞서 말씀드린대로 저는 재개발전문가가 아니기에 제가 재개발 · 재건축에 대해 알아가는 과정이 자연스럽게 이 책의 과정이 되었습니다. 그러나, 미흡하고 부족한 내용과 서툰 그림들이라 제대로 뜻을 전달하지도 못하고 비난만 받게 되지 않을까 두렵기만 합니다.

하지만, 이 책을 접하시는 모든 재개발 · 재건축 초보분들께 재개발 · 재건축의 어렴풋한 윤곽이라도 전달해 드릴 수 있다면 일하면서 힘겹게 그린 그림들이 참으로 보람될 것 같습니다.

마지막으로 이 일을 이루어주신 하나님께 모든 영광을 돌립니다.

차 례

I. 들어가기 전에

우리나라에서 주거지를 개발하는 방법에는 여러 가지가 있습니다.

① 신도시개발 (근거:「택지개발촉진법(1980.12.31 제정)」,「도시개발법(2000.1.28 제정)」)

▶ 대도시의 도시문제를 해소하기 위해 나라가 **인위적으로 조성**한 계획도시입니다. 도로, 상하수도 같은 기반시설을 새로 건설합니다.

② 주거환경개선 (근거:『도시 및 주거환경정비법(2002.12.30 제정)』)

▶ 도시의 가난한 사람들이 집단으로 거주하는 지역으로 도로, 상하수도 같은 기반시설이 **극히 열악하고**, 노후불량건물도 **과도하게 밀집**한 지역에서 시행합니다. 한마디로 달동네라고 보시면 됩니다.

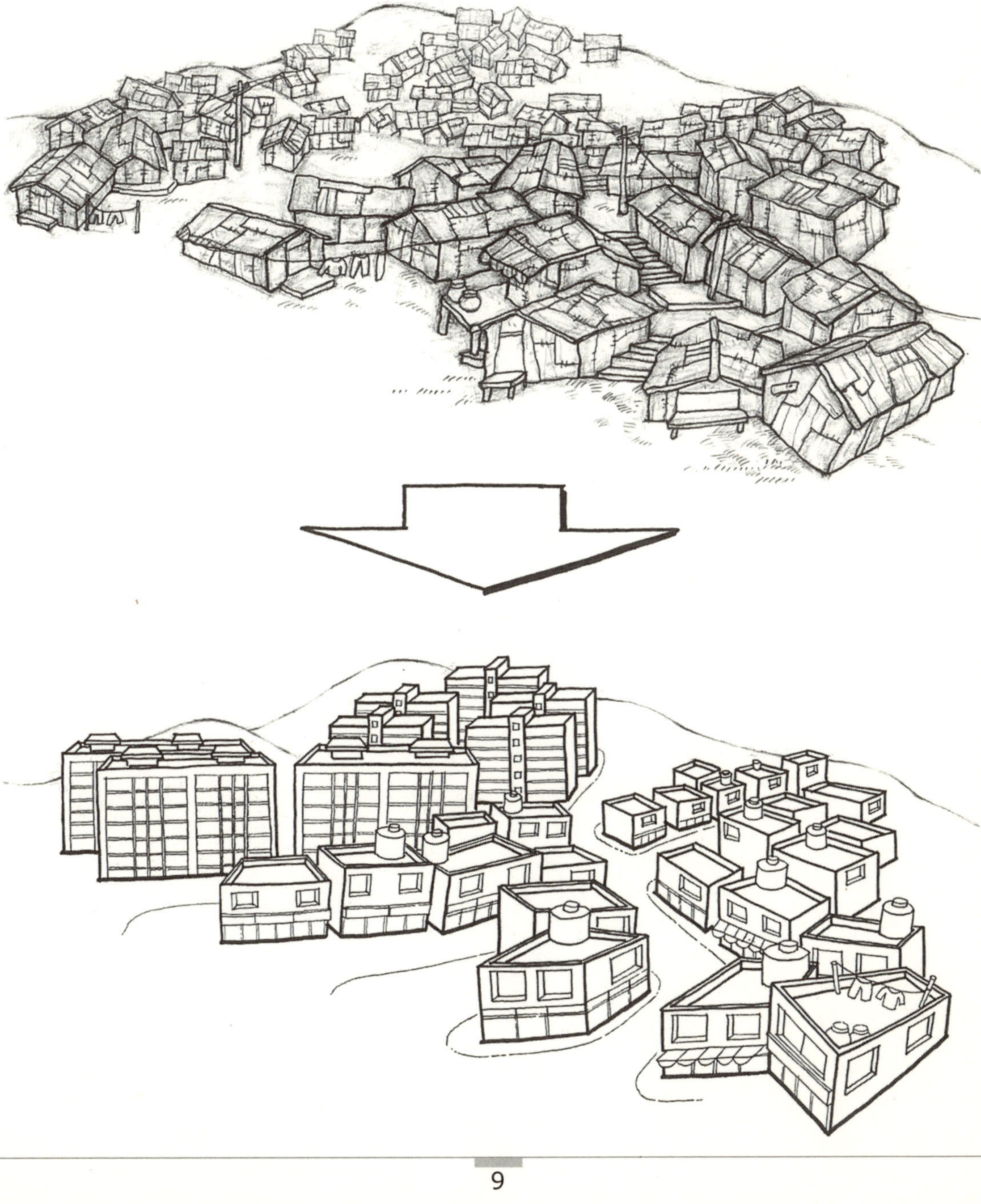

③ 재개발 (근거:『도시 및 주거환경정비법(2002.12.30 제정)』)

▶ 도로, 상하수도 같은 기반시설도 **열악**하고 노후불량건물도 **밀집**한 지역을 개선하기 위해 시행합니다. 오래된 단독주택, 다가구주택 밀집지역이라고 보시면 됩니다.

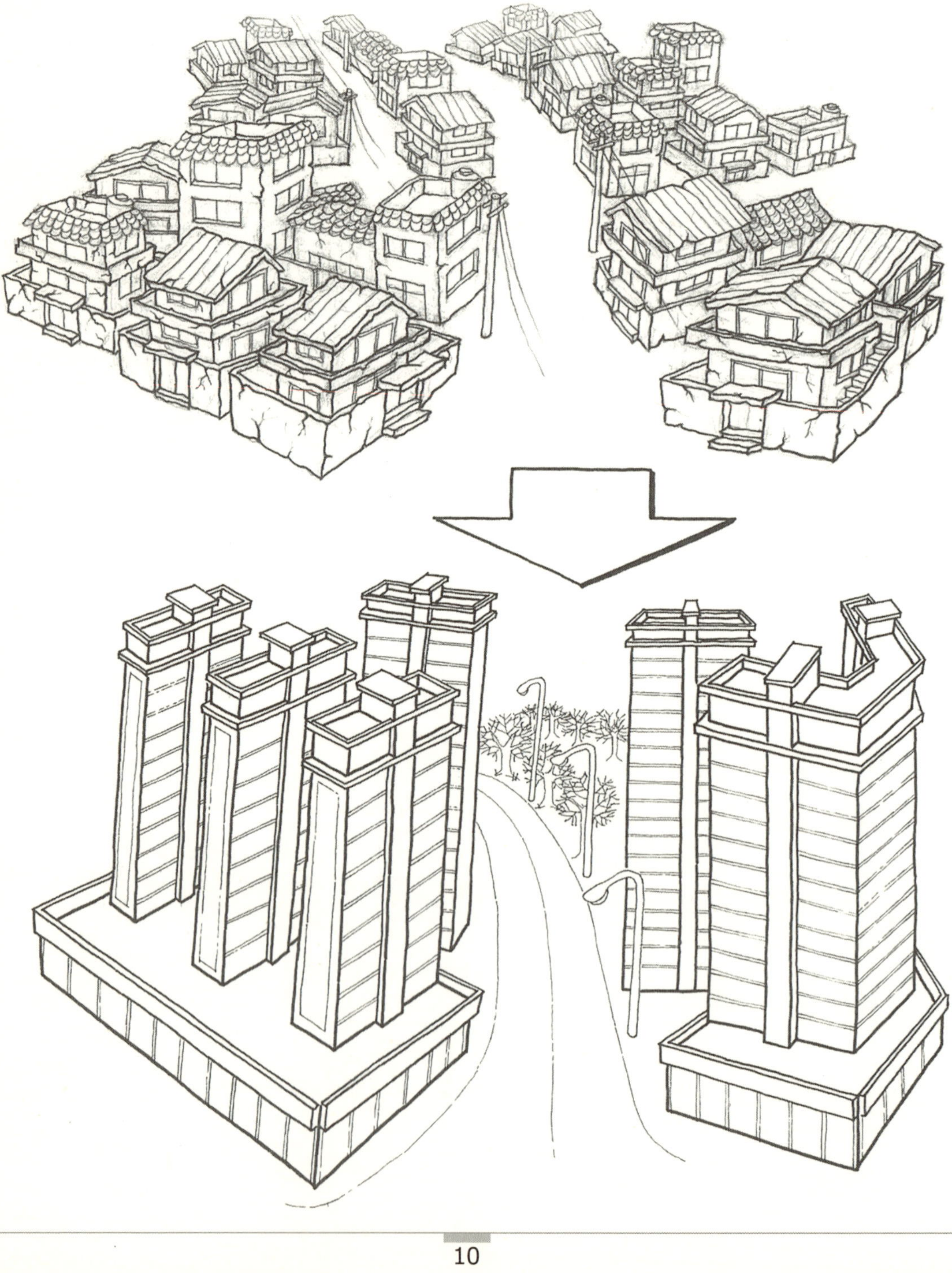

④ 재건축 (근거:『도시 및 주거환경정비법(2002.12.30 제정)』)

▶ 도로, 상하수도 같은 기반시설은 **양호**한데 건물이 **노후불량**되어 시행합니다. 보통 오래된 아파트단지에서 많이 시행합니다.

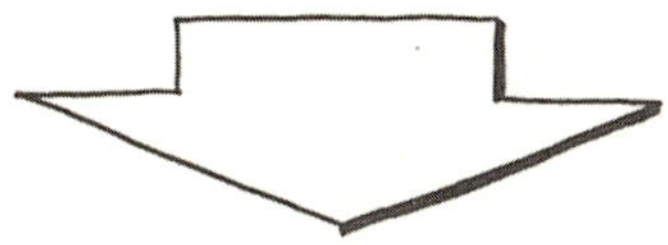

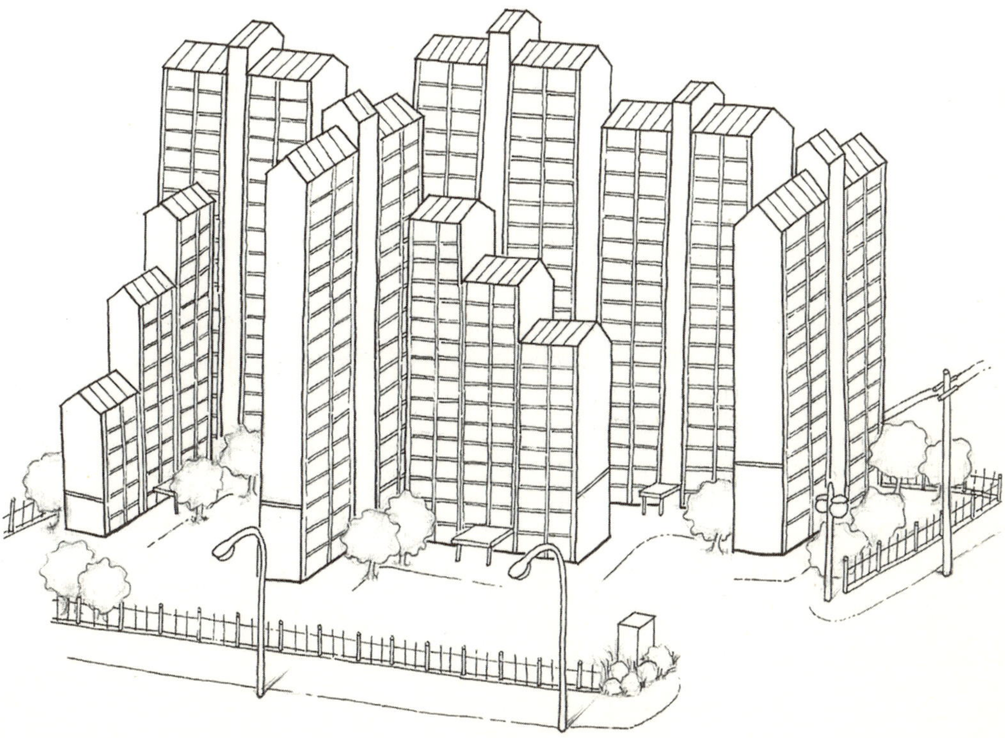

⑤ 뉴타운개발 (근거:「도시재정비 촉진을 위한 특별법(2005.12.30 제정)」)

▶ 낙후된 기성시가지를 일관되고 체계적으로 개발하기 위해 새롭게 도입되었습니다. 기존의 기반시설을 최대한 활용합니다. **여러개의 재개발구역과 재건축구역을 묶어서** 시행한다고 보시면 됩니다.

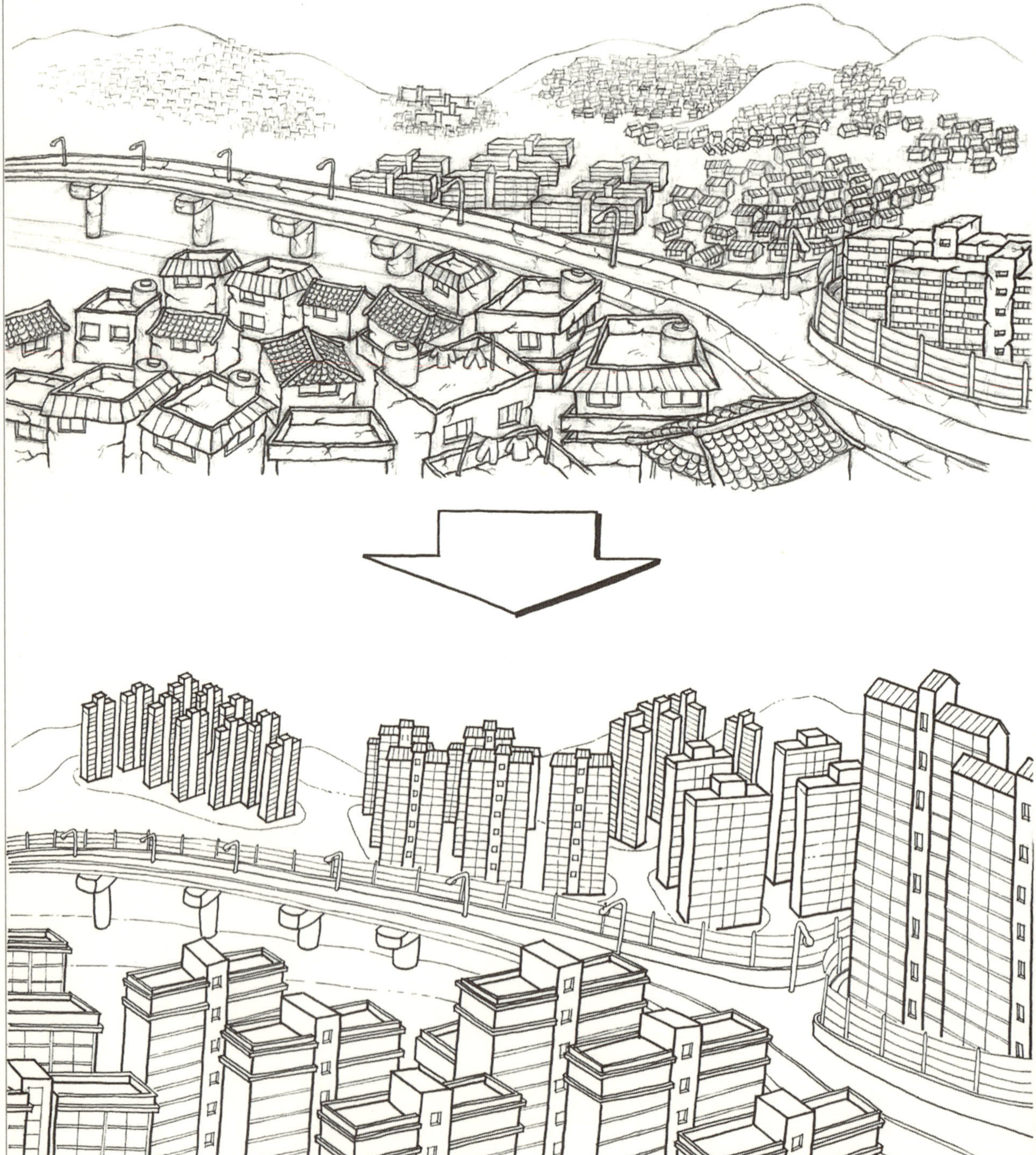

정말? 믿기지가 않아

믿기지 않으시겠지만 보시다시피 근거법들이 하나같이 **2000년도 이후에 제정**되었습니다.
어떻게 해서 그렇게 되었는지는 이 책을 읽으시면서 차차 이해하시게 될 것입니다.

이 책에서는 우리나라 여러 가지 주거지 개발 방법중 현재까지 **대표적으로 시행되어온 재개발 · 재건축**에 관한 말씀을 드릴 텐데요.

특히 이 책은 재개발 · 재건축의 더 깊은 내용으로 나아가기 위한 처음 접하는 입문서로 만들어졌습니다. 그래서

우리나라 재개발 · 재건축이
이런 모습이 될 수 밖에 없었던 이유와
현재 시행되는 재개발 · 재건축의 법소개,
사업진행시 발생할 수 있는 갈등을 중심으로
그림으로 표현하여 소개해 드리겠습니다.
자, 출발해 볼까요?

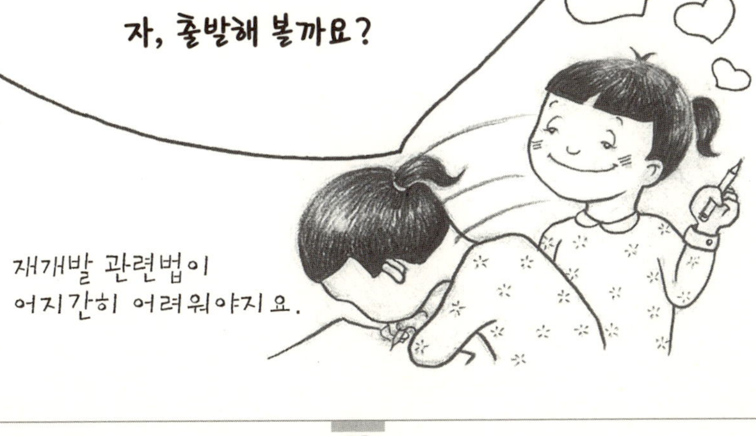
재개발 관련법이
어지간히 어려워야지요.

II. 우리의 재개발 · 재건축은 어떻게 해서 이런 모습이 되었을까?

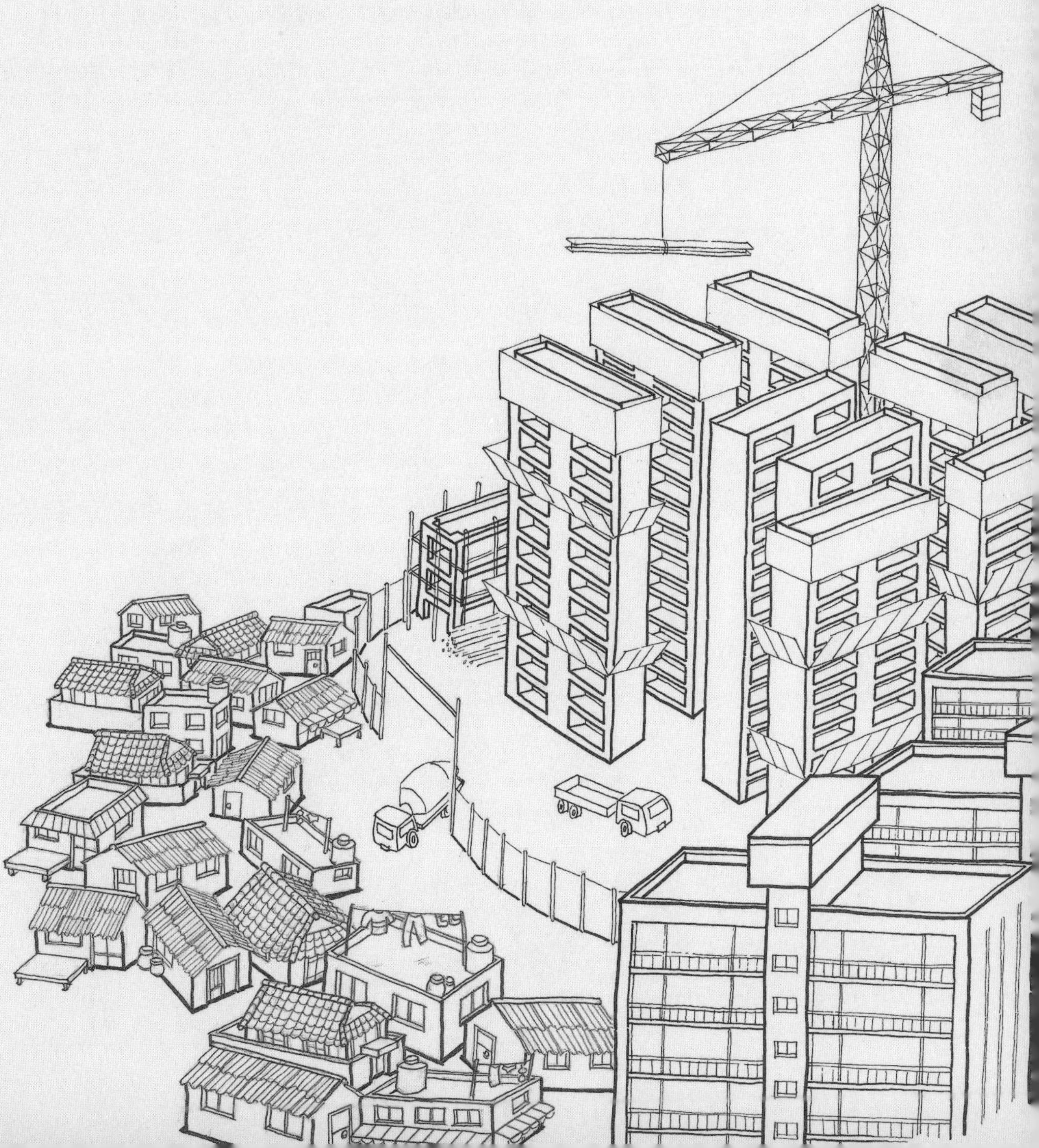

주택재개발, 재건축 하면 아파트 단지가 떠오르실 겁니다. 우리나라 주택재개발, 재건축의 80%이상이 수도 서울에서 이루어졌으며, **전국적으로 우리나라 주거형태의 50%이상을 아파트가 차지**하고 있습니다.

50% 이상이 아니라 90%이상 아냐?

아파트에 사시는 분들도 대부분의 경우 중상층 이상의 계층이 살며, 가난한 사람들은 산동네의 주택에 살고 있는 경우가 많습니다.
하지만 외국은 저희들과는 정 반대로 부자들이 높은 지대의 주택에 살고 가난한 사람들이 아파트에 사는 경우가 많습니다.
어떻게 해서 우리나라에서는 이런 주거형태가 광범위하게 형성될 수 있었을까요?
단지 땅이 좁고 인구밀도가 높기 때문일까요?

그렇겠지.. 뭐 다른 이유가 있겠어?

또 있습니다.
우리나라에서 재개발, 재건축하면 일반적으로 **투자의 대상으로서 재산적 가치를 증대시키기 위한 목적**으로 사업을 진행하게 되며, 이에 따라 재개발관련자(조합, 조합원, 세입자, 건설업체 등)간에 자신의 이익을 위하여 싸움이 일어나고, 원래부터 살고 있던 원거주민이 쫓겨나며, 고유의 역사와 문화는 잊어버린 채 획일적인 콘크리트 아파트 단지가 들어서게 되는 과정을 거칩니다.

이러한 재개발, 재건축이 과연 올바른 형태일까요?
아니라면 어떻게 해서 우리나라에서는 이러한 방식으로 재개발이 추진되어 오게 되었을까요?
이에 대한 답은 우리나라의 현대사와 깊은 관련이 있습니다.

현재 우리가 살고 있는 도시모습이 형성된 과정을 현대사 속에서 재개발정책과 함께 살펴보도록 하겠습니다.

과정을 살펴보기 전 먼저 인식하셔야 할 사항이 있습니다.

아이~ 뿌듯뿌듯
역시 그랬었구나
오, 그-으-래?

우리나라는 반만년의 찬란하고 장구한 역사를 가진 단일민족으로서 고유한 문화를 간직한 나라라는 사실입니다.
(남대문, 석굴암, 불국사 다보탑, 금동미륵보살반가상 ....)

오천년의 역사를 가진 이집트, 로마문명보다 대단하다고 볼 수 있지요.
그러나, 우리는 이런 문화를 가졌었다는 것을 종종 잊어버립니다.

현재 우리 도시모습이 고유한 역사성을 잃어버린 채 신생국가 같은 모습을 하고 있으니까요.

도대체, 누가 이렇게 했지?
헉, 어쩌다가 이리 되었지?
잉~속상해

1. 일제 강점기 시대 : 1910년~1945년

"내 땅은 내 땅!
조선 땅도 내 땅!"
"에라이,
이 도적놈들아!"
"그래, 도적놈이다.
어쩔껴? 배째라~"

1920년대부터 농토를 빼앗긴 농민들이 토막촌(土幕村)을 형성하였는데, 이 토막촌(土幕村)은 빈민촌의 원시형태로서 이때부터 무허가 불량주택이 형성되기 시작했다고 볼 수 있습니다.

한편, 1937.7.7 중일전쟁과
1941.12.8 태평양전쟁이 발발하면서

일제는 폭격기가 투하하여 시가지가 불바다가 되는 것을
막기 위하여 넓이 30~50m 정도의 대상공지(帶狀空地)인
소개도로(疏開道路)를 도심부 여러곳에 개설하기 시작하였는데,

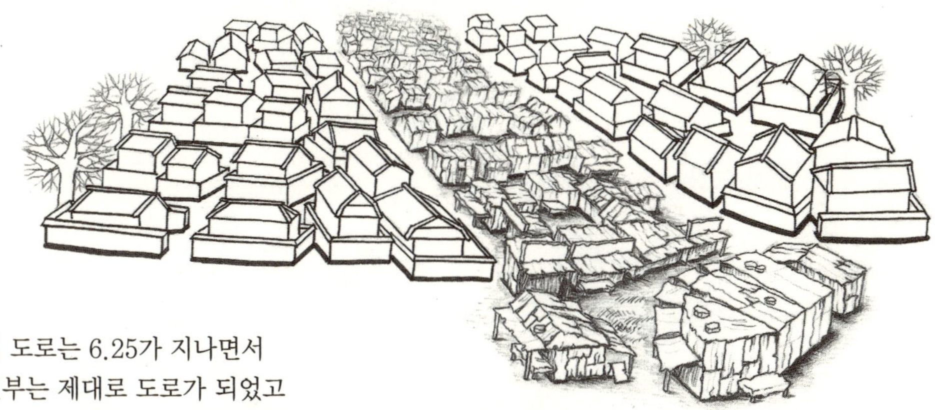

이 도로는 6.25가 지나면서
일부는 제대로 도로가 되었고
일부는 보행자 이용공간이 되었으며, 일부는 전쟁 이재민,
북한에서 월남해온 이주민들이 빽빽하게 판잣집을 짓고 정착하였으며,

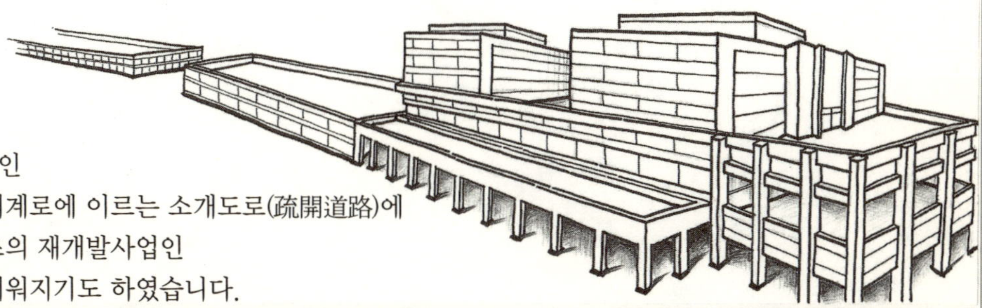

이 곳 중 하나인
종묘앞에서 퇴계로에 이르는 소개도로(疏開道路)에
우리나라 최초의 재개발사업인
세운상가가 세워지기도 하였습니다.

2. 해방이후 및 한국전쟁 시기 : 1945년 8월 15일 ~ 1953년

해방 후 38° 선을 경계로
미국과 소련 양군의 조선분할 점
령결정에 따라 북한엔 소련이,
남한엔 미국 군사정부가 통치행위를 시작하였는데,
이때의 정책은 굶어죽지 않을 정도의 식량정책 뿐이라
서, 당시 우리 국민들의 굶주림은 이루 말할 수 없을 정
도였습니다.
"공산당은 안 겪어 본
사람은 몰라요."
"엄마, 배고파요."
이렇게 하여 해방 후 도시인구가 급격히 증가하였고,
도시에는 수많은 판자촌이 형성되었습니다.
해방촌이란 낯익은 마을도
이 당시 형성되었습니다.
"입에 풀칠이라도
하려면 도시로
가야지."
"도적놈들이 떠났으니
이제 고향으로 돌아가야지."

3. 한국전쟁 이후부터 이승만대통령 시기 : 1953년~1962년

"와아—
무력으로 적화통일하자!"
소련제 초강력
울트라 막강탱크
철저하게 전쟁준비를 한 북한의
남침에 무방비상태였던 남쪽은
계속 밀릴 수밖에 없었습니다.
"우이씨,
너 미친 거냐?"
밀리고,
밀리고,
또 밀리다가
"엄마, 일본놈이
또 쳐들어왔어요?"
이를 만회하기 위하여 유엔군이 인천상륙작전을
실시하려던 중에 당시 전(前) 주일대표부 김용주 공사가
우리의 고유문화를 보존하기 위해 맥아더장군을 면회
요청하였습니다.
"우리의 민족감정과 염원을 위해
장구한 역사와 고유문화를 가진
우리 문화재와 사적이 불에타
없어지지 않도록 서울 폭격계
획을 철회해 주십시오."
그리하여 서울의 문화재와 사적들이 어느 정도
전화(戰火)를 모면하였다는 일화가 있습니다.

해방과 6.25전쟁을 겪으면서 우리는
세상에서 가장 가난하고 슬픈 나라가 되었습니다.
우리의 아이들은 굶주려 죽거나,
다른 나라에 입양되어 가거나,
미군부대에서 먹다 남은 찌꺼기
음식으로 만든 꿀꿀이 죽을 먹었습니다.

당시 건축행정의 근거법은 일제시대 『시가지계획령』의 이름만 바꾼 『도시계획령』이 있었지만, 혼란스러운 정치 속에서 헐벗고 굶주린 국민들은 너나 할것없이 거리낌없이 무허가 판잣집을 지었습니다.

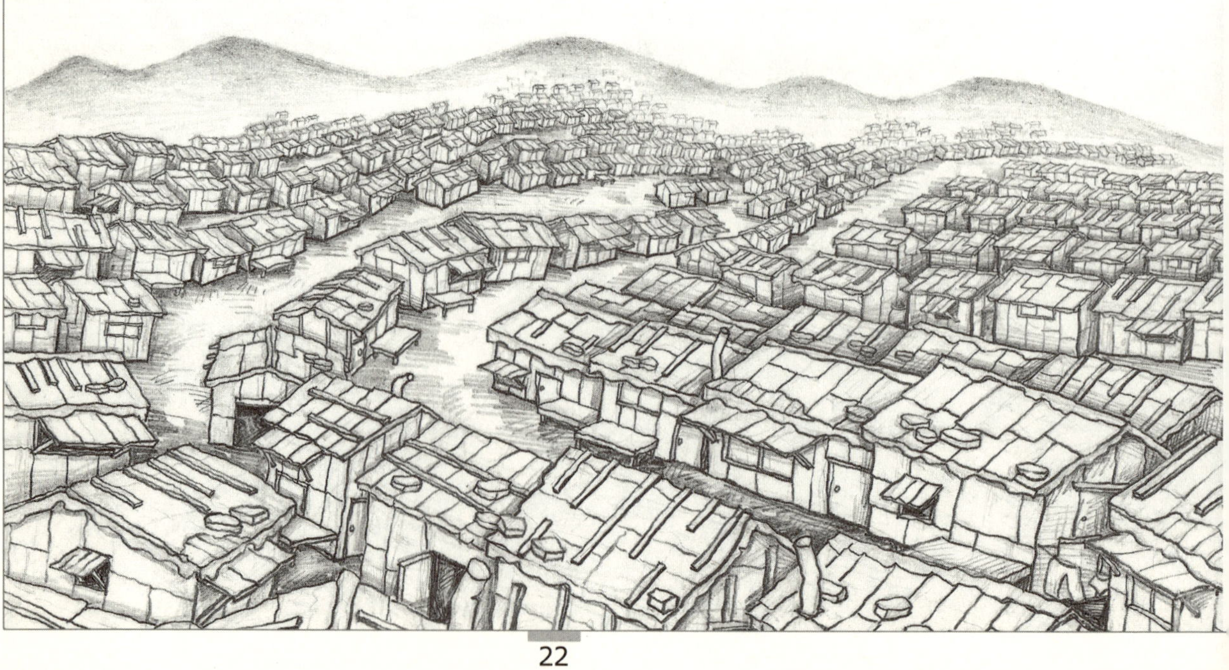

4. 경제개발 시기 : 군사정권 시작인 1963년~현재까지

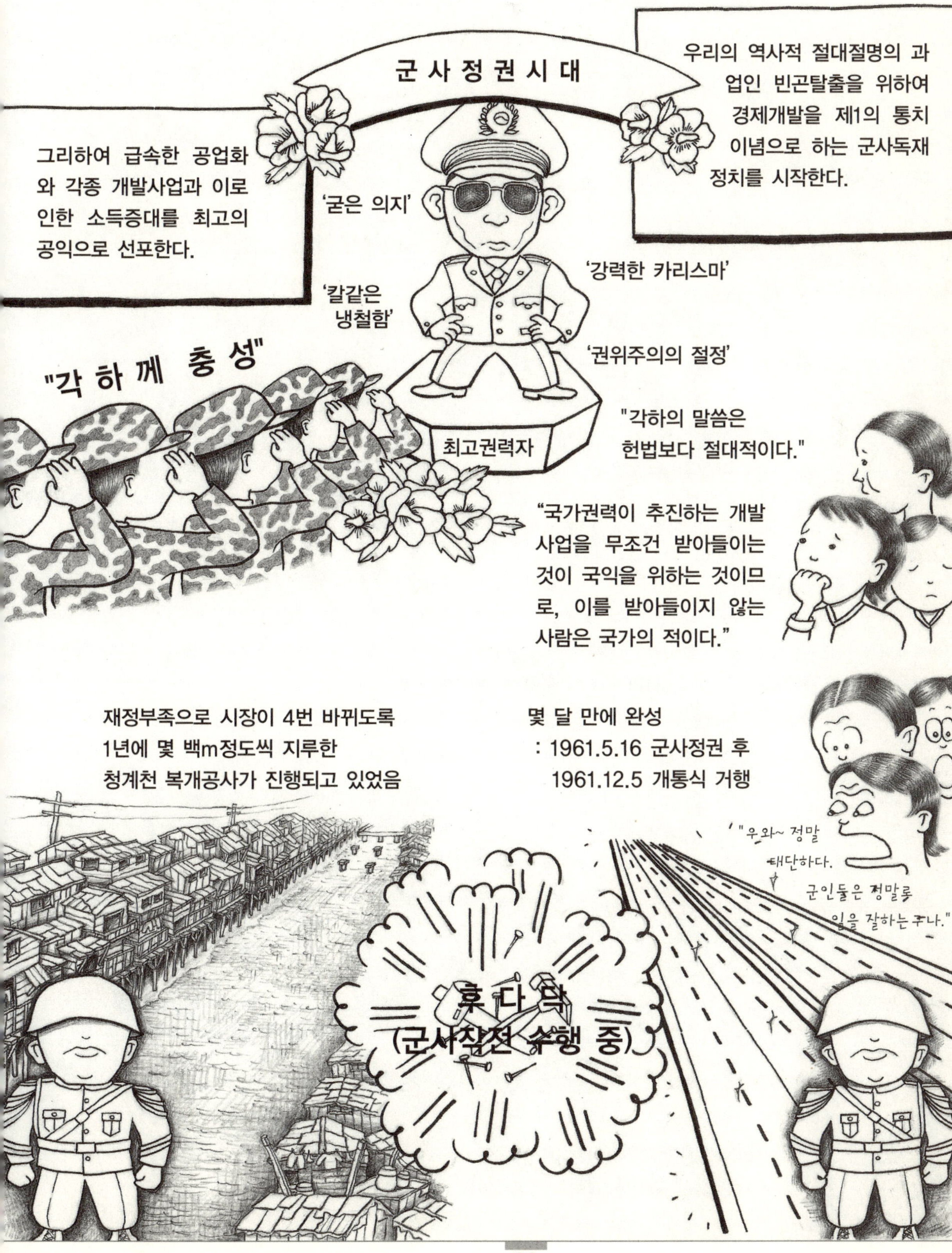
군 사 정 권 시 대
우리의 역사적 절대절명의 과업인 빈곤탈출을 위하여 경제개발을 제1의 통치 이념으로 하는 군사독재 정치를 시작한다.
그리하여 급속한 공업화와 각종 개발사업과 이로 인한 소득증대를 최고의 공익으로 선포한다.
'굳은 의지'
'강력한 카리스마'
'칼같은 냉철함'
'권위주의의 절정'
"각 하 께 충 성"
최고권력자
"각하의 말씀은 헌법보다 절대적이다."
"국가권력이 추진하는 개발사업을 무조건 받아들이는 것이 국익을 위하는 것이므로, 이를 받아들이지 않는 사람은 국가의 적이다."
재정부족으로 시장이 4번 바뀌도록 1년에 몇 백m정도씩 지루한 청계천 복개공사가 진행되고 있었음
몇 달 만에 완성 : 1961.5.16 군사정권 후 1961.12.5 개통식 거행
"우와~ 정말 대단하다. 군인들은 정말로 일을 잘하는구나."
후 다 닥
(군사작전 수행 중)

♪잘살아보세~ 잘살아보세~♪
우리도 한번 잘살아보세~♬
♪새벽종이 울렸네,
새아침이 밝았네♪
살기좋은 내마을
우리힘으로 만드세~♬
"와글와글"
"북적북적"

군사정권이 추구한 급속한 산업발전으로 인해 경제성장이 도시지역에 집중하게 되었고, 이에 따라 농촌의 인구가 대도시로 유입되어 서울에만 이농민으로 인해 지구상 전무후무한 하루평균 894명 정도의 서울인구가 늘게 되었는데,

이들이 도시빈민을 형성하게 되었고 무허가 판잣집을 대량으로 양산하게 되어, 광복직후부터 본격적으로 들어서기 시작한 판잣집들로 도심지 곳곳이 온통 뒤덮이게 되었습니다.

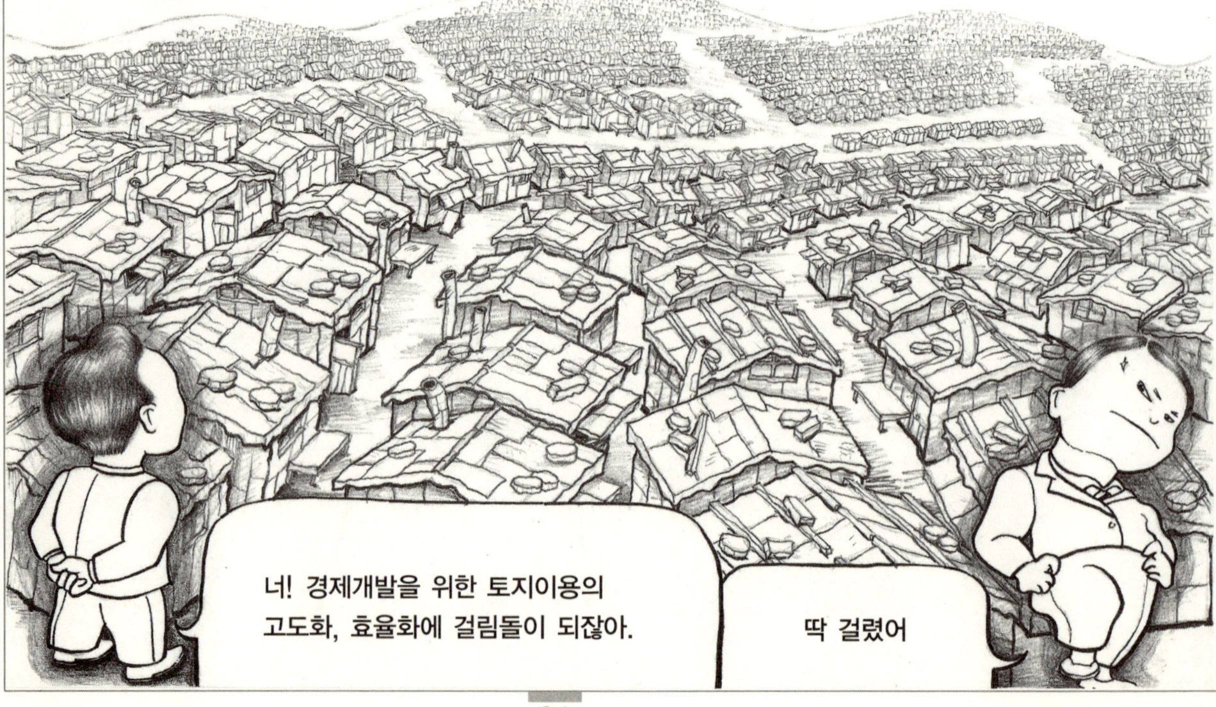
너! 경제개발을 위한 토지이용의
고도화, 효율화에 걸림돌이 되잖아.
딱 걸렸어

불량촌 정비를 위한
정부의 정책 변천과정

1967년 말 서울도심지내 13만 7천여동의 무허가건물을 3년 안에 모두 철거하고, 도심지는 경제개발의 상징인 고층건물로 재개발한다.
그런데, 이 수많은 철거민들을 어쩐다...
그래~ 바로 이거야.

- 1950년대 후반~1960년대 중반 : 초기 정착지 조성 집단 이주정책 (선이주 · 후개발 초강경 개발 프로젝트)

: 철거민들에게 도심지 외곽의 미개발 국 · 공유지에 도로선만 긋고 가구별 8평씩 점유토지의 위치를 지정해 주면 그곳에 판잣집이나 움막집을 짓고 거주하되, 도로 · 상하수도 등의 기반시설은 입주민 스스로 알아서 해결하도록 하였고, 이에 따라 도심 외곽지역인 미아리, 봉천동 등 약 4만여동의 대단위 정착지가 조성됨.

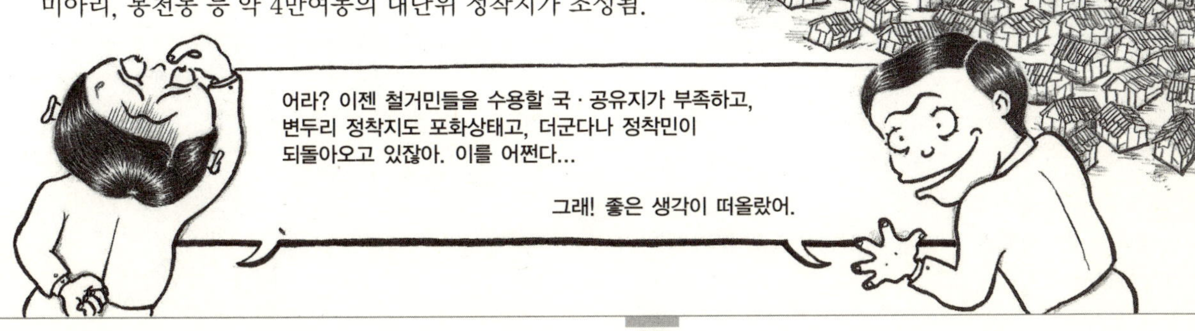
어라? 이젠 철거민들을 수용할 국 · 공유지가 부족하고, 변두리 정착지도 포화상태고, 더군다나 정착민이 되돌아오고 있잖아. 이를 어쩐다...
그래! 좋은 생각이 떠올랐어.

시로 편입될 가능성이 있는 근교에
대규모 주택단지를 조성하기로 하고 1967년
지금의 성남인 광주에 **대단지사업계획을** 발표하여
1968~1971까지 1백 92만평을 매입하고,
1971.8월 택지를 조성함.
황무지나 다름없는 땅에서
대단지는 굶주림에 허덕이는 거대한 난민촌이 되었고,
결국 1971.8.10 광주대단지 난동사건이 발생함
우이씨~
뭐가 있어야 먹고 살지.
사람이 많이 모이면
어떻게든지 스스로
먹고 살겠지
그래, 이거야 이거!
기존의 생활 근거지를 바꾸지 않으면 철거이주에서
생기는 저항을 없앨 수 있으니 차라리 도심지에
값싼 프레임 아파트를 세워 집단 이주시키자.
1968년 12월 :
대대적인 시민아파트 건립계획을
발표하였고,
1969년 :
도심지 산중턱 32곳에 무려 4백6동
1만 5천 가구의 시민아파트가 지어짐.
그러나 고지대에 급하게 공사를 진행하다보니
마구잡이 부실공사로 인해
1969. 4. 8일 **이렇게 세워진 시민아파트의 하나인**
와우아파트에 붕괴참사 발생(33명 사망, 40명 부상)
헉, 전면철거방식이
한계에
부딪히는군.

그렇다면.... 그냥 안전하게
무허가건물 가운데 스스로 개량할
경우 합법화 시켜주자.(1967년~1971년)
이런, 국민부담능력도 안되고, 한다 해도
개별적인 개량과 외관미화정도에
그치니까 전체적인 계획적 재개발도
어렵고, 공공시설도 부족하잖아.
정부주도의 새마을운동도 하고 있는데,
공공시설비의 50%~100%까지
지원하고, 주민 자율적으로 주택개량하게
하면 어떨까?(1971년~1973년)
흠.. 토지정리, 도시계획수립 등
제도적인 뒷받침이 없으니까 농촌의
전통적인 초가집이 슬레이트
지붕으로 전부 획일적으로
싹 바뀌기만 할 뿐 제대로
주택재개발이 안되잖아.
이래선 도저히 안되겠다.
주택재개발을 위한 본격적인
법적 뒷받침이 필요해.

1973.3.5『주택개량촉진에 관한 임시조치법』
제정 : 한시법(1973~1981)
이때부터 도시계획사업으로 주택개량
재개발사업이 본격적으로 도입됨
주택개량촉진법에 의하여
주택개량재개발구역 지정 후
시행자인 구청장이 공공시설 정비 및
관리처분계획으로 환지예정지 지정하면,
환지 등을 지정받은 자가 시행기간 내 필요한
시기에 관리처분계획에서 정한 건축기준에 따라
자기자금으로 신축, 개량 등을 시행하는 방법
임.
먹고 살기도
힘든데 집지을
돈이 어딨어?
가난한 사람들이 어떻게 스스로 주택건립
소요재원을 마련하느냐고 반발이 많군. 우리
정부도 돈이 없으니... 그렇다면 할 수 없지.
외국 국제개발처(AID)에서 돈을 빌려서
국민의 부담을 줄이는 수 밖에(1976년)
주민의 90%이상이 참여
하여야 하고, 충격이 적은
기존건축물과 공공시설을
그대로 보존하는
수복재개발을
하여야 하고...
헉, AID차관을
빌리는데 무슨
요구조건이 이리도
까다로워? 우리에게는
너무 비현실적인 조건이야.

어쩔 수 없군.
대형건설업체를 참여시켜
위탁시키는 수밖에(1979년)
음.. 이 사업은 저렴하고
빨리 대량으로 지을 수 있는
「아파트」를 지어야 수지타산이 맞겠군.
▲▲종합건설
101
103
점진적 개량에서
다시 전면 철거라니
이게 왠말이냐!
전면철거 결사반대!
어머나.......
짠! 신군부 등장
UL1988
1980년 당시 신군부의 등장으로
사회적 혼란을 수습하기 위한 도시개발
사업과 관련된 건축물의 철거억제 지시로
위탁재개발사업이 전면 중단됨.
그러나 86아시안게임,88서울올림픽
행사개최와 민간건설업체의
해외철수 등으로 다시 불량촌
재개발이 절실히 필요하게 되었음.
SEOUL 1988
정부주도의 불량촌 재개발사업은 주민의
경제적 영세성과 정부의 재정능력 부족으로
지금까지 아주 어렵고 부진했지.
그렇다면... 우리가 빠지고,
주민하고 건설업자가 같이 하면 어떨까?
시행자를 주민에 의해 설립된 조합으로
넘겨서, 조합이 토지제공, 사업동의 등을
하고, 건설업자는 시공자로서 주택건설
등을 하는 거야. 높은 밀도로 아파트를
지으면 팔수 있는 주택도 많아지고, 그러면
건설업체도 수익이 있고, 주민은 재개발
사업 비용을 부담하지 않을 수도 있지.
더구나, 우리는 재정부담없이 도시
기반시설 확충 및 정비가 가능하고,
우리한테 대드는 주민저항도 최대한
피할 수 있으니..
와우, 정말 기가 막힌 정책인걸.
(1983년 ~ 현재까지)

합동재개발사업 근거법
: 도시재개발법 (76.12.31 제정)
요즘 시공회사와 합동재개발로 아파트를 짓는다는데, 오래 우리 아파트도 시공회사와 합동으로 새아파트를 짓는 것이 어때요?
재건축사업 근거법
: 주택건설촉진법
(72 제정, 87.12. 4 제도도입)
그런데... 이런, 가난한 현지주민들이 정착을 못하잖아. 합동재개발사업의 문제점인 현지주민과 세입자의 재정착을 유도해 보자.(1989년~현재)
주거환경개선사업 근거법 : 도시저소득주민의 주거환경 개선을 위한 임시조치법('89.4 제정)
현지개량방식(법적규제 완화, 비용보조 등)+ 공동주택건설방식(18평이하 건립, 장기임대 또는 영구임대주택 건립)
어휴, 건축법을 왕창 완화했더니 너무 과밀화되었어. 주거환경이 더 악화될 수도 있겠는걸.

지금까지 경제성장을 위해 앞만 보고 달려 왔어. 불량촌을 정비할 때는 요건만 충족되면 개별법 단위로 상호간 관련성을 무시하고 혼란스럽게 그때그때 시행했었지.
하지만, 우리도 이제 어느 정도 안정되었으니 제대로 해보는 거야.
거시적 계획을 먼저 수립하고, 수립된 계획에 따라 불량촌을 정비할 수 있도록 재개발 · 재건축 · 주거환경개선사업들을 하나의 법으로 통합관리 하는 거야. (『도시 및 주거환경정비법』으로 통합 : 2002.12.30제
그래! 하나의 법으로 통합해서 가는 거야

III. 재개발 · 재건축의 근거법인 『도시및주거환경정비법』 훑어보기

1. 『도시 및 주거환경정비법』의 탄생

2002.12.30
『도시 및 주거환경정비법』
제정
오우, 이제는 재개발 · 재건축 · 주거환경개선 사업을 통합하여 종합 관리하게 되어 사업을 일관성 있게 추진하게 되었어
이 법이 탄생하기 전에는 이랬습니다.
"저 노후주택지는 『도시재개발법』의 재개발구역 지정요건에 충족되니 이번에 여기서 여기까지 주택재개발 사업을 해야지."
주택재개발사업/도심재개발사업
(근거법 : 도시재개발법('76.12.31 제정))
"이 아파트는『주택건설촉진법』에 의하여 주민들이 재건축사업 추진을 하는군."
"저어기 가난한 사람들이 밀집한 저곳은『도시저소득주민의 주거환경 개선을 위한 임시조치법』에 의한 주거환경개선지구 지정요건에 충족되니까 올해는 이 지역의 주거환경개선사업을 해야겠군."
재건축사업
(근거법 : 주택건설촉진법 ('87.12.4 제도도입))
주거환경개선사업
(근거법:도시저소득주민의 주거환경 개선을 위한 임시조치법('89.4 제정))
"헉, 거시적 제도가 마련되어 있지 않아, 도시정비사업들이 개별법 단위로 각각의 절차에 의해 운영되었더니, 상호간의 관련성을 간과한 채 혼란스럽게 시행되잖아."

2. 『도시 및 주거환경정비법』이 탄생하면서 달라진 점

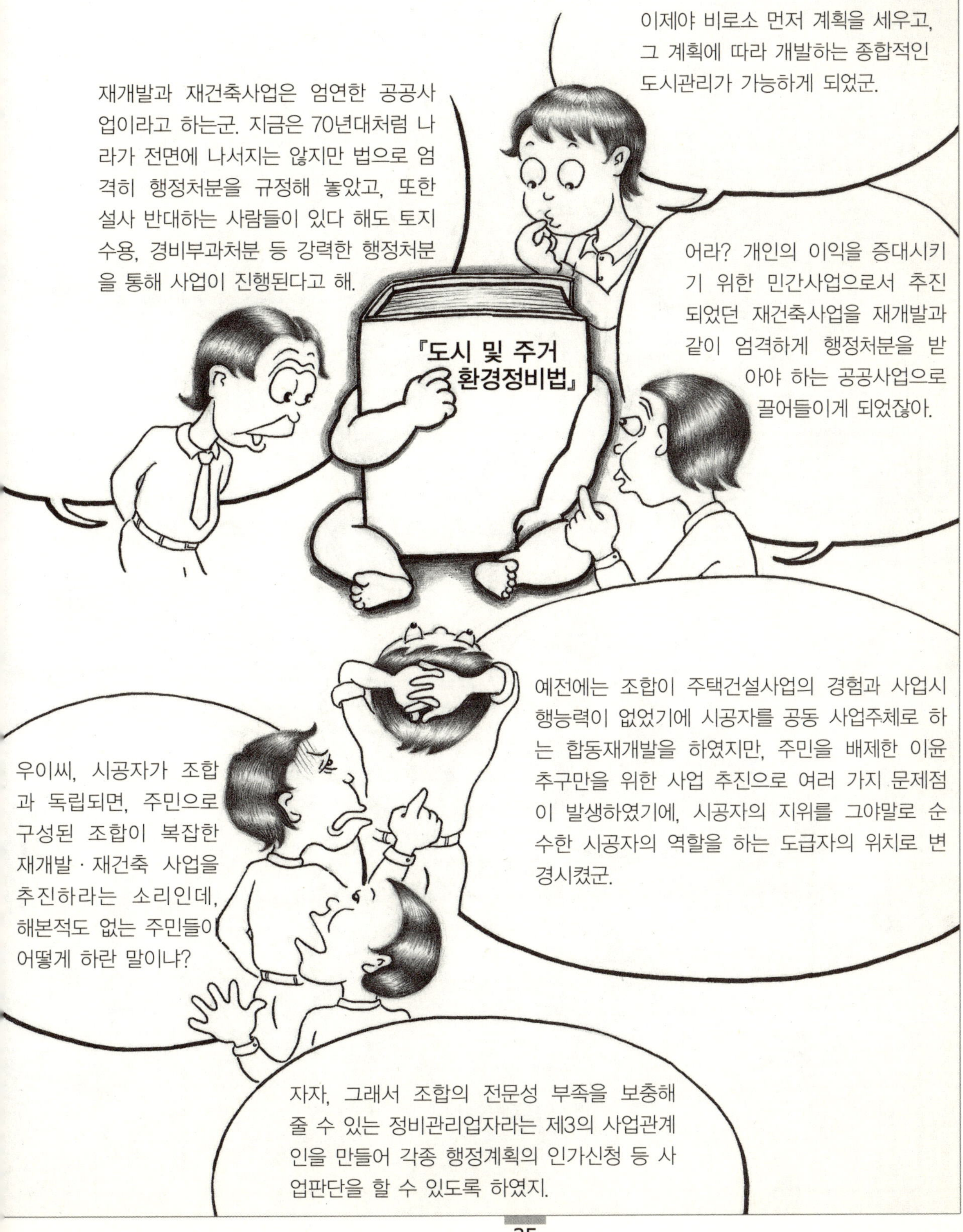
재개발과 재건축사업은 엄연한 공공사업이라고 하는군. 지금은 70년대처럼 나라가 전면에 나서지는 않지만 법으로 엄격히 행정처분을 규정해 놓았고, 또한 설사 반대하는 사람들이 있다 해도 토지수용, 경비부과처분 등 강력한 행정처분을 통해 사업이 진행된다고 해.
이제야 비로소 먼저 계획을 세우고, 그 계획에 따라 개발하는 종합적인 도시관리가 가능하게 되었군.
『도시 및 주거환경정비법』
어라? 개인의 이익을 증대시키기 위한 민간사업으로서 추진되었던 재건축사업을 재개발과 같이 엄격하게 행정처분을 받아야 하는 공공사업으로 끌어들이게 되었잖아.
예전에는 조합이 주택건설사업의 경험과 사업시행능력이 없었기에 시공자를 공동 사업주체로 하는 합동재개발을 하였지만, 주민을 배제한 이윤추구만을 위한 사업 추진으로 여러 가지 문제점이 발생하였기에, 시공자의 지위를 그야말로 순수한 시공자의 역할을 하는 도급자의 위치로 변경시켰군.
우이씨, 시공자가 조합과 독립되면, 주민으로 구성된 조합이 복잡한 재개발 · 재건축 사업을 추진하라는 소리인데, 해본적도 없는 주민들이 어떻게 하란 말이냐?
자자, 그래서 조합의 전문성 부족을 보충해 줄 수 있는 정비관리업자라는 제3의 사업관계인을 만들어 각종 행정계획의 인가신청 등 사업판단을 할 수 있도록 하였지.

3. 재개발사업과 재건축사업에 등장하는 용어소개

"재개발 · 재건축사업은 이해관계인이 다수이므로,
집 한 채 지을 때와는 달리 절차가 대단히 복잡합니다.
집 한 채 지을 때는 건축행위 만을 통제하고
사용승인 이후의 권리배분은 건축주가 마음대로 할 수 있지만,
재개발 · 재건축사업은 다수의 이해관계인이 관련되기 때문에,
관리처분계획(토지등 소유자의 재산평가, 아파트 분양계약,
비용부담 등)을 따로 정하도록 하였습니다.
전문용어 소개에 앞서 일반적인 건축허가와
잠시 비교해 보겠습니다."

집한채 지을 때와 비교한 표

제 목	집지을 땅	건축주	집짓기 전	집짓고 난 후
집 한 채 지을 때				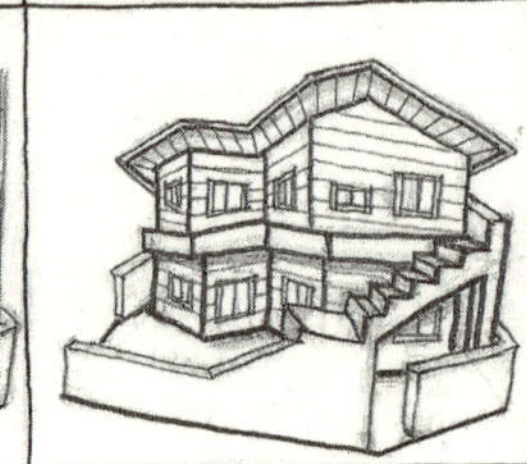
행정절차	X	X	1. 건축허가 2. 착공신고 3. 철거신고	사용승인신청
	정비구역 지정 ...구역지정 전 여러 절차를 거침	1. 추진위원회 승인 2. 조합설립인가 ...그 과정이 생각보다 어려움	1. 사업시행인가 2. 시공자 선정 3. 분양신청 4. 관리처분계획인가	1. 준공인가 2. 확정측량 3. 토지분할 4. 이전고시...
재개발 재건축 할 때				

등장인물소개

조 합

정비사업의 시행을 목적으로 결성된 토지등소유자(조합원)의 단체(법제18조)

어?
도대체 어떻게 된거지?
그 사람이 그 사람인데?

토지등소유자

- 주택재개발사업 : 정비구역안에 소재한 토지 또는 건축물의 소유자 또는 그 지상권자
- 주택재건축사업 :
  ①정비구역안에 소재한 건축물 및 그 부속토지의 소유자
  ②정비구역이 아닌 구역안에 소재한 『도시 및 주거환경정비법시행령』 제6조에서 정하는 주택 및 그 부속토지의 소유자와 부대 · 복리시설 및 그 부속토지의 소유자

정비사업을 시행하는 자. 쉽게 말하자면 집을 지으려는 건축주로서 궁극적으로는 조합이라고 볼 수 있음 (법제2조제8호)

사업시행자

조합설립을 위한 추진위원회임. 조합의 前 단계로서 정비사업을 추진하는데 동의한 토지등소유자의 1/10이상으로, 5인이상의 위원으로 구성된 추진위원의 모임

추진위원회

지상권자

타인의 토지에 건물 기타 공작물이나 수목을 소유하기 위하여 그 토지를 사용할 수 있는 권리를 가진 자(민법 제279조)

설계자

건축사사무소를 말함. 건축과 관련된 계획을 세우는 사람 또는 회사, 사업시행계획서(쉽게 말하자면 건축허가도서)를 작성함

정비관리업자

정비사업의 시행을 위하여 추진위원회 또는 조합으로부터 위탁받거나 이와 관련한 자문을 하는 자

시공자

공사를 맡아서 행하는 사람 또는 회사. 옛날에는 공동시행자로서의 지위를 누리며, 재건축 · 재개발사업과정에서 조합이 수행하던 일을 공동으로 하였음

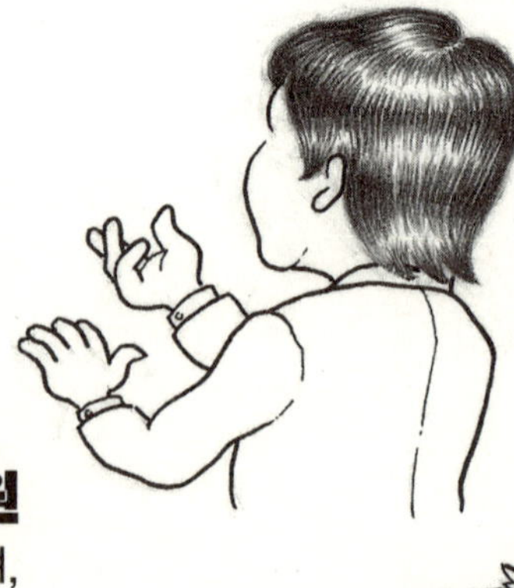

공무원

정비기본계획을 수립하며, 추진단계별 승인 신청시 검토후 승인을 하여줌

전문 용어소개

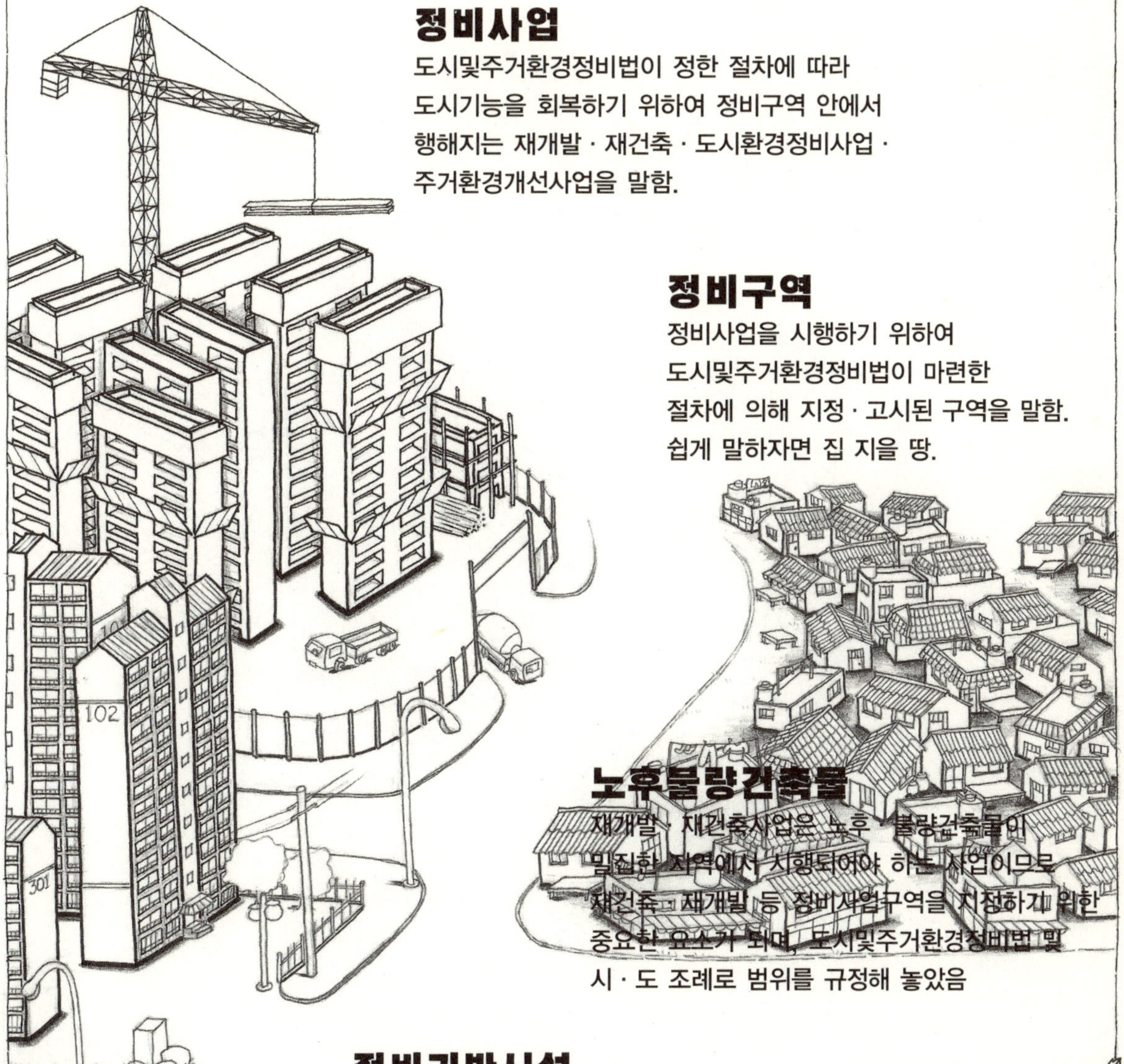

정비사업

도시및주거환경정비법이 정한 절차에 따라 도시기능을 회복하기 위하여 정비구역 안에서 행해지는 재개발 · 재건축 · 도시환경정비사업 · 주거환경개선사업을 말함.

정비구역

정비사업을 시행하기 위하여 도시및주거환경정비법이 마련한 절차에 의해 지정 · 고시된 구역을 말함. 쉽게 말하자면 집 지을 땅.

노후불량건축물

재개발 · 재건축사업은 노후 · 불량건축물이 밀집한 지역에서 시행되어야 하는 사업이므로 재건축 · 재개발 등 정비사업구역을 지정하기 위한 중요한 요소가 되며, 도시및주거환경정비법 및 시 · 도 조례로 범위를 규정해 놓았음

정비기반시설

도로, 상하수도, 공원, 공용주차장, 공동구(국토계획법의 규정에 의한 공동구), 가스등의 공급시설, 녹지, 하천, 공공공지, 광장, 소방용수시설, 비상대피시설, 가스공급시설

지구단위계획

좁은 특정지역을 상세하게 계획하기 위해 도입된 도시관리계획

정관

도시및주거환경정비법의 규정에 의한 정관, 토지등소유자가 자치적으로 정하여 운영하는 규약, 시장 · 군수 또는 자치구의 구청장 또는 주택공사 등이 도시및주거환경정비법의 규정에 의하여 작성한 시행규정

용적률

대지면적에 대한 건축연면적에 대한 비율, 용적률이 높을수록 건축할 수 있는 연면적이 많아져 고층으로 지을 수 있기에 일반분양의 비율이 높아져 많은 개발이익이 생기므로 사업성과 관련이 깊음

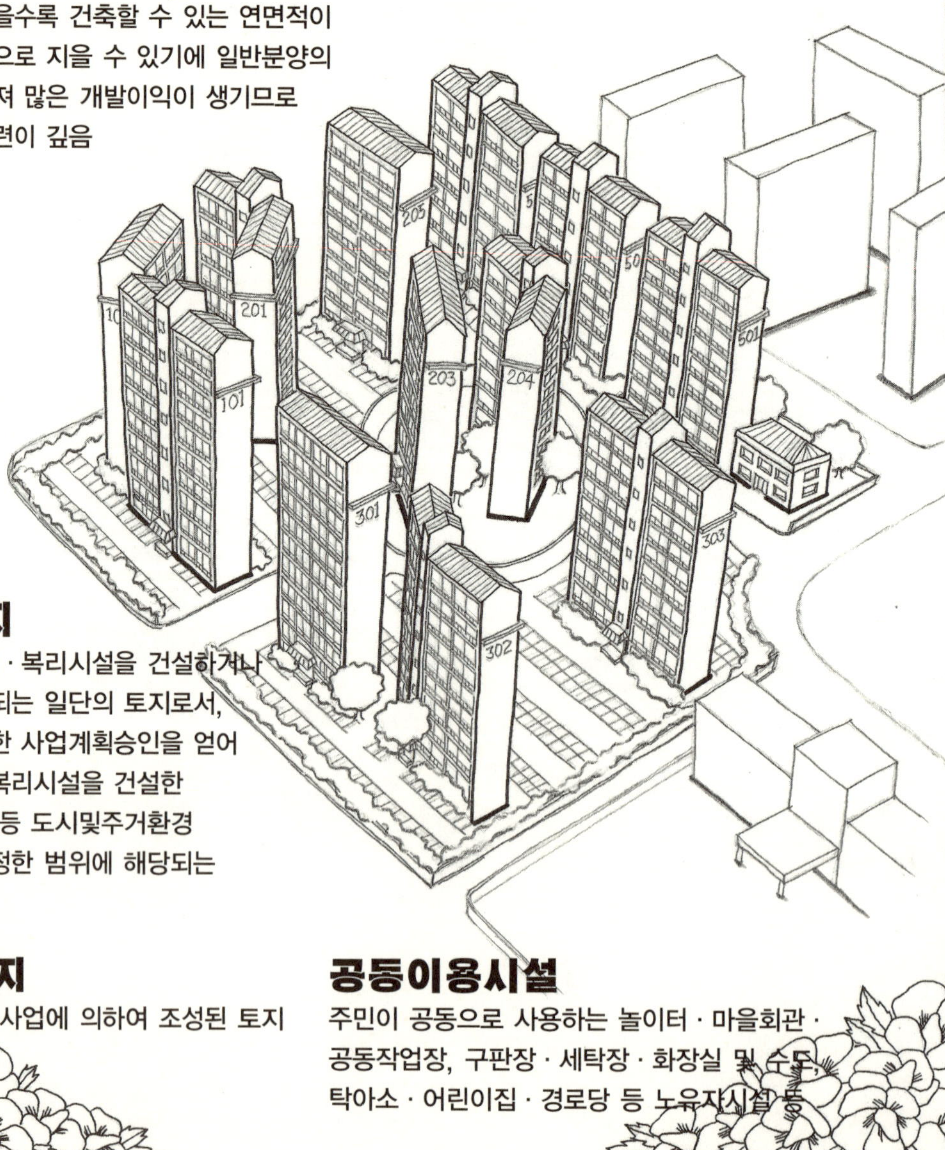

주택단지

주택 및 부대 · 복리시설을 건설하거나 대지로 조성되는 일단의 토지로서, 주택법에 의한 사업계획승인을 얻어 주택과 부대복리시설을 건설한 일단의 토지 등 도시및주거환경정비법에서 정한 범위에 해당되는 토지

대지

정비사업에 의하여 조성된 토지

공동이용시설

주민이 공동으로 사용하는 놀이터 · 마을회관 · 공동작업장, 구판장 · 세탁장 · 화장실 및 수도, 탁아소 · 어린이집 · 경로당 등 노유자시설 등

4. 재개발사업 및 재건축사업을 시행하는 방식

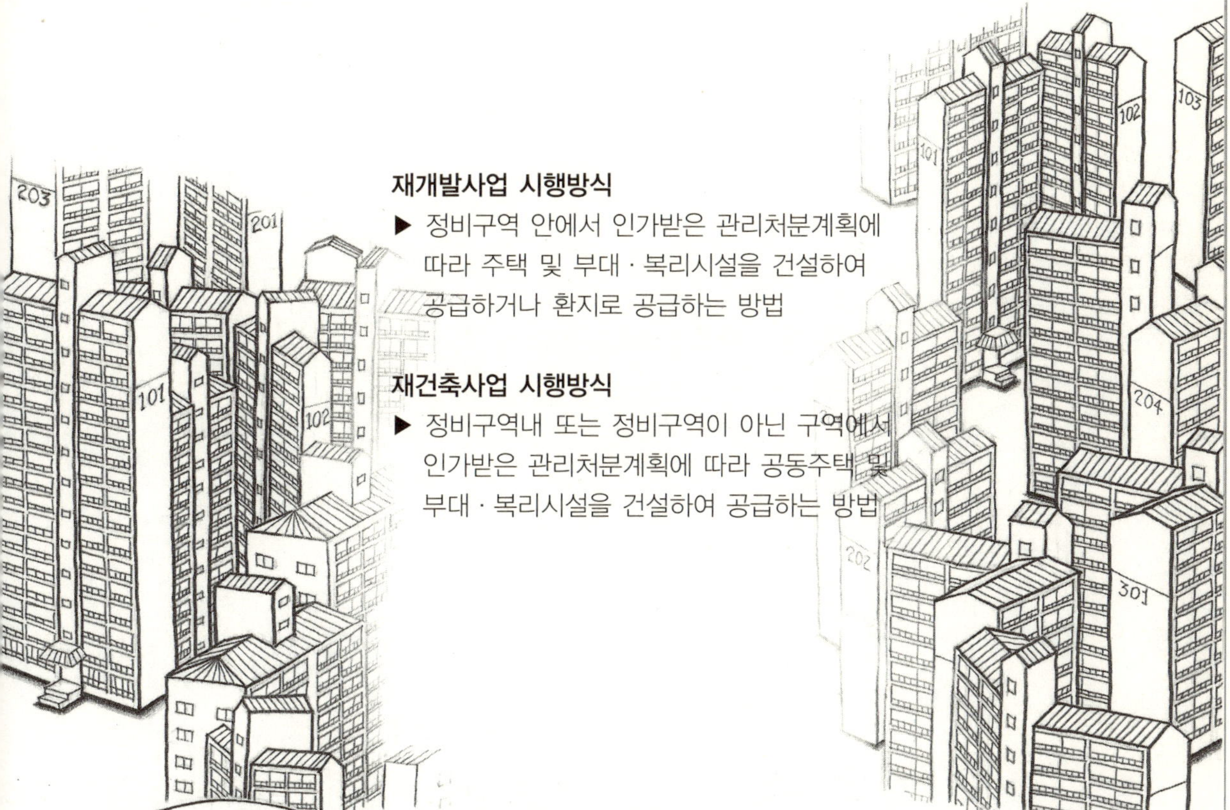

재개발사업 시행방식

▶ 정비구역 안에서 인가받은 관리처분계획에 따라 주택 및 부대 · 복리시설을 건설하여 공급하거나 환지로 공급하는 방법

재건축사업 시행방식

▶ 정비구역내 또는 정비구역이 아닌 구역에서 인가받은 관리처분계획에 따라 공동주택 및 부대 · 복리시설을 건설하여 공급하는 방법

음 … 관리처분계획이란 재개발구역내의 부동산 소유자들에게 재개발사업후 지어진 아파트를 종전의 부동산 가격에 상응하여 분양, 처분하는 계획이니까 …
그렇다면, 단도직입적으로 말해서 다 철거하고 새로 짓는다는 소리잖아!
도시 및 주거환경정비법 이전에는 시행방식을 전면재개발(철거재개발), 수복재개발, 보존재개발, 개량재개발, 순환재개발 등으로 분류했었다고 해.
그러면, 도시 및 주거환경 정비법의 재개발 · 재건축 시행방식은 전면재개발 또는 철거재개발이라고 볼 수 있는 거네

5. 재개발사업 및 재건축사업의 진행과정

절차대로 안하면 위법한 것이
된다고?
그렇게나 이
절차가 중요해?

절차가 뭐 별게 있나?
도시의 문제지역을 정비구역으로
지정해서 사업시행계획으로
주택단지를 설계 및
시공하고, 관리처분
계획으로 권리를
배분하는 거잖아

『도시 및 주거환경정비법』은 재개발사업과 재건축사업 추진시 각 단계별로 받아야 할 행정처분 제도에 대한 법입니다. 따라서 추진절차대로 세밀히 진행하지 않으면, 그 사업은 위법한 것이 됩니다.

그래, 너 똑똑하다.

계획을 어떻게
수립할
것인가?

계획이 수립되었으니
실행에 옮겨야지

『도시 및 주거환경정비법』의 추진절차는 행정계획과 이 계획의 실현을 위한 집행행위로 보실 수 있습니다. 이러한 계획들은 고시를 하여야 효력이 발생하고, 계획의 수립에 있어 세심한 절차규정이 마련되어 있으며, 계획자체가 행정처분으로서 취소소송의 대상이 되며, 계획하고 있는 내용은 집행행위를 통하여 구체화됩니다.

행 정 계 획	집 행 행 위
정비기본계획, 정비구역지정과 정비계획	추진위원회 구성 ⇒ 조합설립 구성
사업시행계획	분양신청, 시공자 선정(재건축) 등
관리처분계획	착공, 일반분양, 준공, 청산 · 해산 등

재개발 · 재건축 진행과정 미로찾기
"노후건축물들을
재개발 또는 재건축하려고 합니다.
장애물을 피해 미로를 따라
도착지점까지 가 보세요." (일부는 2009.8.7부터 시행)
제1단계 사업준비단계
기초조사 (특별시장, 광역시장, 시장)
주민공람
정비기본계획 수립/변경 (특별시장,광역시장, 시장)
국토해양부 장관 보고
"기본계획의 경미한 사항 변경시 주민공람, 및 심의 거치지 아니함"
관계행정기관 협의 (특별시장, 광역시장, 도지사)
지방도시계획위원회 심의
"잘 하겠지?"
안전진단기관지정(시장 · 군수 · 구청장)
안전진단 신청 (추진위원회→ 시장 · 군수 · 구청장)
재개발은 이길을 반드시 거쳐갈 것
재건축은 바로 이쪽으로
종합판정 (시장 · 군수 · 구청장)
안전진단 (안전진단기관)

정비계획 수립
(시장 · 군수 · 구청장)
정비계획,
정비구역
지정(안) 입안
(구청장)
지방도시
계획위원회,
심의
정비계획, 정비구역
지정/변경 결정고시
및 주민설명회
(시 · 도지사)
국토해양부
장관
보고
제2단계 사업시행단계
추진위원회 구성
추진위원회 승인신청
(추진위원회→
시장 · 군수 · 구청장)
추진위원회
승인
시장 · 군수 · 구청장)
어이, 친구!
같이 가자구.
조합창립
총회
조합설립인가
신청(추진위원회
→시장 · 군수 ·
구청장)
조합설립인가
(시장 · 군수 · 구청장)
통지/열람
(조합→토지등소유자)
에고고,
아직도 멀었구나.

사업시행계획 수립
(사업시행자)
사업시행인가
신청(사업시행자→
시장 · 군수 · 구청장)
사업시행인가/변경인가
(시장 · 군수 · 구청장)
사업시행인가 고시
(시장 · 군수 ·
구청장)
분양신청의
통지/공고
(사업시행자→
토지등소유자)
분양신청
(토지등소유자
→사업시행자)
종전자산
평가/종후
자산추산액
산정
관리처분계획의
수립 (조합)
시공자 선정
관리처분계획
인가 신청
(사업시행자 →
시장 · 군수 · 구청장)
관리처분계획 인가
(시장 · 군수 · 구청장)
인가사항
통보/통지
(사업시행자→
분양신청자)
이주
철거
어디보자.
이제 목적지에 다
와 가는 것
같은데...

제3단계 사업완료단계
이제 드디어 마지막 단계야 조금만 더 힘내자구.
시공보증 (시공자→조합)
착공신고 (사업시행자→ 시장 · 군수 · 구청장)
분양계획 작성 (사업시행자)
입주자모집 승인신청 (조합→시장 · 군수 · 구청장)
일반분양
준공인가 및 공사완료 고시 (시장 · 군수 · 구청장)
준공검사 실시 (시장 · 군수 · 구청장)
준공인가 및 공사완료 고시 (시장 · 군수 · 구청장)
등기촉탁 (사업시행자→ 법원 또는 등기소)
조합의 청산 및 해산
나 어때? 정말 멋지게 변했지?

IV. 추진단계별로 짚어보는 기본내용

제1단계 사업준비단계

1. 장밋빛 청사진, 정비기본계획

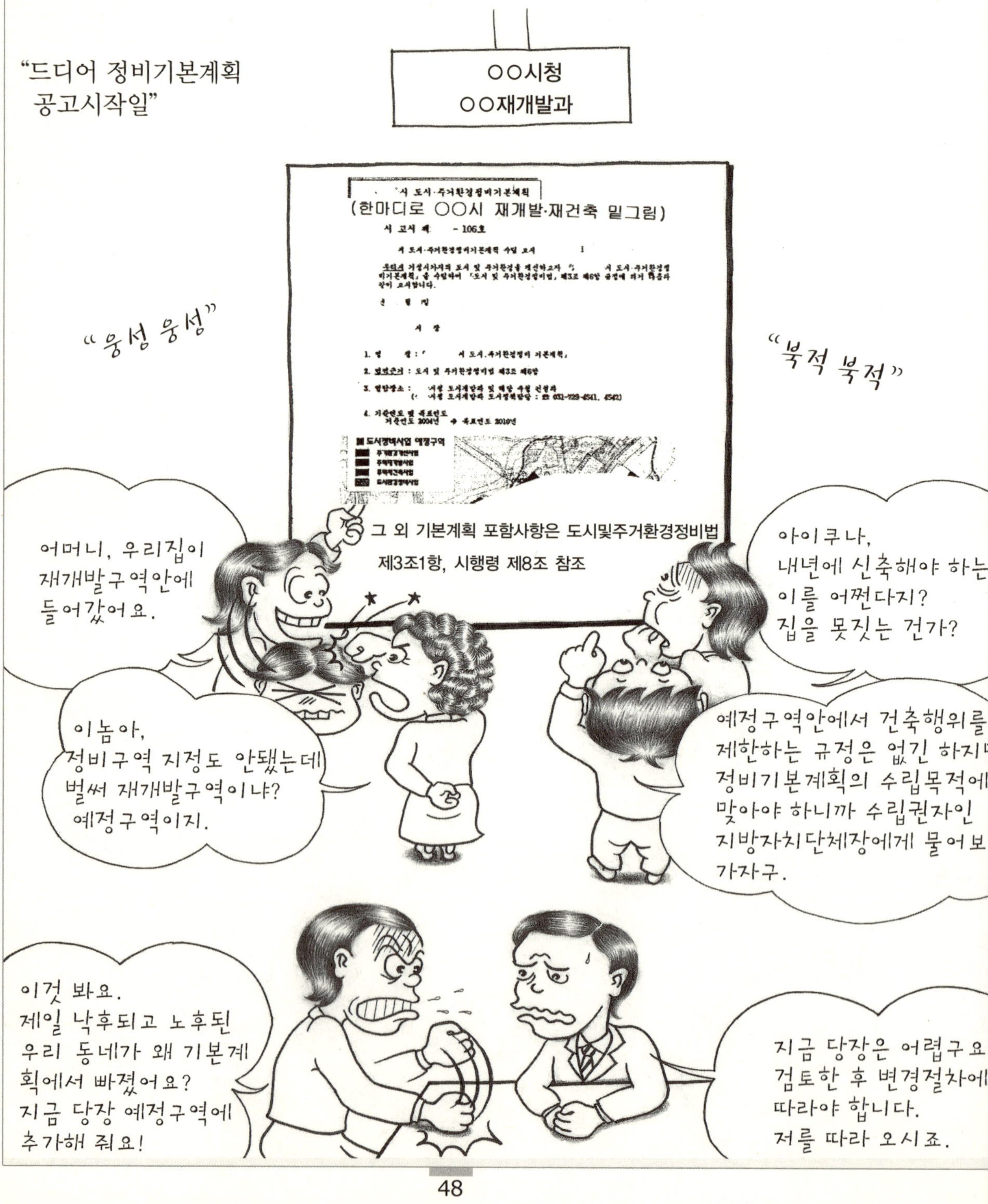

"드디어 정비기본계획 공고시작일"
OO시청
OO재개발과
(한마디로 OO시 재개발·재건축 밑그림)
"웅성 웅성"
"북적 북적"
그 외 기본계획 포함사항은 도시및주거환경정비법 제3조1항, 시행령 제8조 참조
어머니, 우리집이 재개발구역안에 들어갔어요.
이놈아, 정비구역 지정도 안됐는데 벌써 재개발구역이냐? 예정구역이지.
아이쿠나, 내년에 신축해야 하는 이를 어쩐다지? 집을 못짓는 건가?
예정구역안에서 건축행위를 제한하는 규정은 없긴 하지만 정비기본계획의 수립목적에 맞아야 하니까 수립권자인 지방자치단체장에게 물어보러 가자구.
이것 봐요. 제일 낙후되고 노후된 우리 동네가 왜 기본계획에서 빠졌어요? 지금 당장 예정구역에 추가해 줘요!
지금 당장은 어렵구요. 검토한 후 변경절차에 따라야 합니다. 저를 따라 오시죠.

수립과 변경절차가 같은데, 경미한 사항은 일부 과정이 생략됩니다.
음..생각보다 복잡하군. 어쨌든 당신네들이 입안도 하고 결정도 하고 이것저것 다 하는구만.
1. 기초조사 (특별시장 · 광역시장 · 시장)
2. 정비기본계획의 작성 (특별시장 · 광역시장 · 시장)
3. 주민공람 · 의견청취
4. 지방도시계획위원회 심의
5. 정비기본계획의 승인
6. 공고 (특별시장 · 광역시장 · 시장)
7. 국토해양부 장관에게 보고
※ 3.4.5 경미한 변경시 제외
〈 도시 · 주거환경정비기본계획 수립 · 변경절차 〉
근데, 왜 나만 기본계획이 수립되는지를 몰랐지?
기본계획 입안은 시 게시판, 인터넷 홈페이지, 관련 시민단체, 주택단지 등의 게시판 및 반상회 등에 홍보하는데 안보셨군요.
..... 근데 정비기본계획은 왜 세우는 거요?
10년단위로 수립되는 정비기본계획은 재개발 · 재건축 밑그림으로서 뒤에 오는 정비계획의 상위계획입니다. 따라서 정비계획을 수립할 땐 반드시 정비기본계획에 적합하게 수립됩니다.

2. 재건축사업에만 있는 안전진단

"난 이제 멋지게 변할 거야.
재건축사업 하러 가는 길이거든."
잠깐!
재건축사업 하러 가시는
공동주택이시죠?
네, 그런데요.
무슨 일이시죠?
재건축사업 하시려면
이 길을 반드시 거쳐서
지나가셔야 합니다.
그러죠. 뭐.
정비계획의 수립시기가
1년 이상 경과하여
정비계획 입안을
제안하실거죠?
안전진단비용을
부담하셔야
합니다.
네에?
꼭 거쳐야 한다니
할 수 없지 뭐.
절차가
어떻게 되죠?
시행일: 2009.8.7

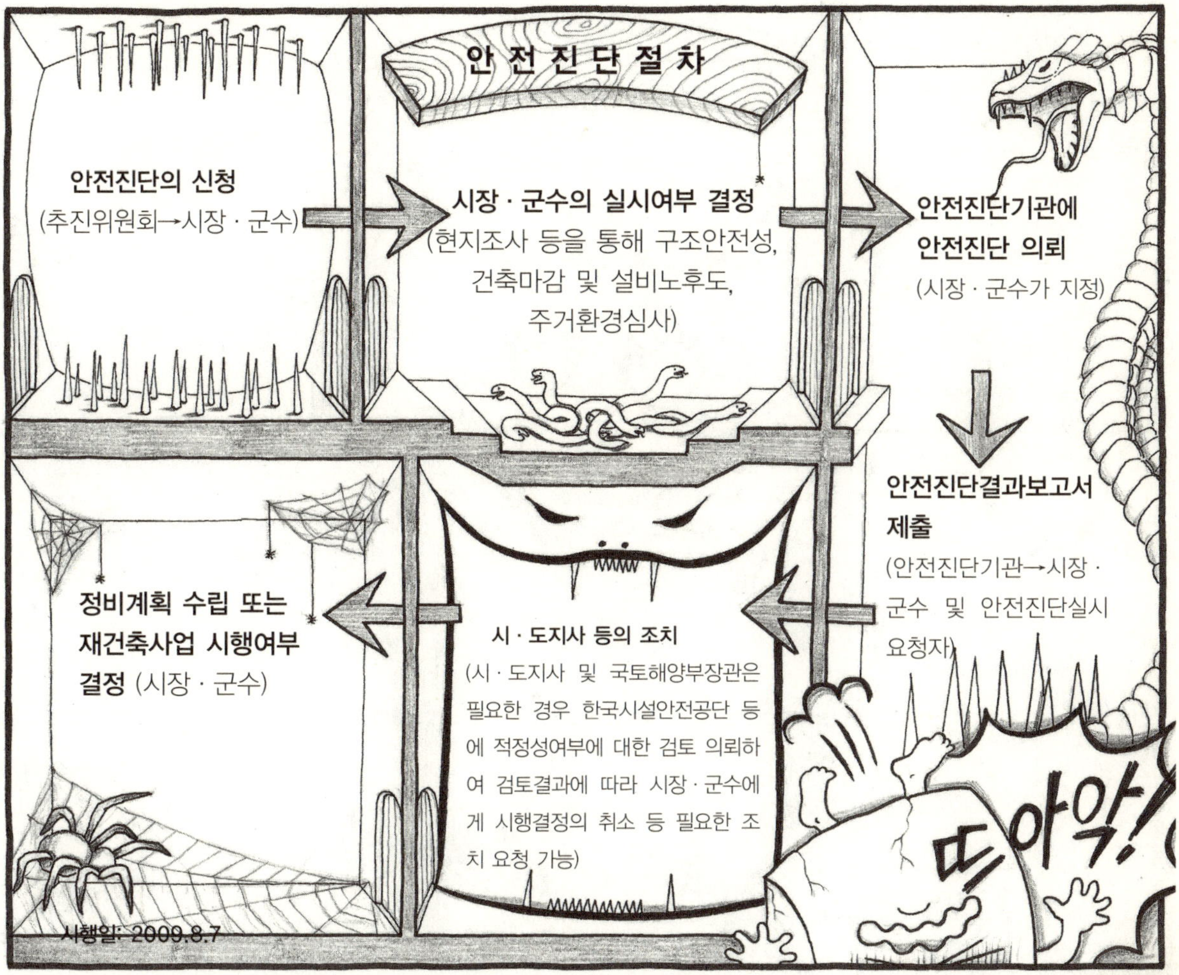

안전진단절차
안전진단의 신청
(추진위원회→시장 · 군수)
시장 · 군수의 실시여부 결정
(현지조사 등을 통해 구조안전성, 건축마감 및 설비노후도, 주거환경심사)
안전진단기관에 안전진단 의뢰
(시장 · 군수가 지정)
안전진단결과보고서 제출
(안전진단기관→시장 · 군수 및 안전진단실시 요청자)
시 · 도지사 등의 조치
(시 · 도지사 및 국토해양부장관은 필요한 경우 한국시설안전공단 등에 적정성여부에 대한 검토 의뢰하여 검토결과에 따라 시장 · 군수에게 시행결정의 취소 등 필요한 조치 요청 가능)
정비계획 수립 또는 재건축사업 시행여부 결정 (시장 · 군수)
시행일: 2009.8.7
뜨아악!

왜 우리 재건축만 안전진단이 있지? 왜 차별을 하는 거야? 도대체 우리만 미워하는 이유가 뭐야?

왜냐고 이유를 물으신다면.. 재건축사업이 주택건설촉진법에 규정될 1994년 당시, 재건축사업은 개인의 개발사업이라고 보았습니다. 따라서, 사적개발 사업에 대한 최소한의 공법적 통제장치가 필요하였던 거지요.
도시및주거환경정비법
해서 재건축사업의 가능여부를 판단하는 결정적인 작용을 하는 안전진단 제도가 생겨나게 되었고, 지금까지 이어온 겁니다.

3. 사업할 수 있는 범위 지정, 정비구역지정

OO구청
건 축 과
저, 공무원총각, 재개발예정구역 주민인데, 동네에서 추진위원회를 구성해서 정비구역 지정신청을 한다는데, 주민들 구역지정 동의를 몇 프로 받아야 하는가?
정비계획의 수립은 시장 · 군수가 하는 것이 원칙이구요. 토지 등 소유자가 제안할 수 있는 경우는 정비계획의 수립 시기가 1년이상 경과했는데도 수립되지 않은 경우에만 할 수 있어요.(시행일 2009.8.7)
뭐야? 우리 땅을 왜 나라에서 직접 다 하는가?
정비구역 지정을 위해선 정비계획을 수립해야 하는데요. 주민들 위주로 정비계획이 수립되면 사업성위주로 되어 도로 등 기반시설이 줄어들고 일반분양을 늘리는 등 전체적인 주거환경의 저하를 가져오기 때문에, 공공성을 강화하기 위해서 그런 겁니다.
그럼 우리 동네 정비구역 지정을 언제 해주겠나? 우리 동네는 무조건 1등으로 해주게.
헉, 공공성보다 사업성이 중요한데... 우리가 원하는 시기에 원하는 형태가 되지 않을 수도 있겠군.
저, 그게 금방 되는게 아닙니다. 해당구역에 대하여 기본계획에 적합한 범위안에서 정비계획을 수립하여 주민설명회 및 30일 이상 주민공람 · 의견을 들은 후 이를 첨부하여 시 · 도지사에게 정비구역 지정신청을 해야 합니다. 대도시의 시장은 직접 정비구역을 지정합니다.
뭐야? 생각보다 오래 걸리겠구만... 그래도 구역지정을 위해 우리가 뭐 할일이 없겠는가?
정비구역 지정 및 정비계획수립 입안권자는 시장 · 군수 · 구청장, 결정권자는 시 · 도지사, 대도시의 시장이니까 할머님이 하실 일은 .... 글쎄요.
친절봉사
생글생글
할머님, 안녕히 가십시오.
글쎄요? 안되겠군. 내일부터 할매들과 구청에 매일 와서 이것저것 건의도 하고 해야 되겠구만
되도록이면 안오셨으면 좋겠는데...

어머니!
정비계획 수립과
구역지정이
고시되었데요.
그으래?
어서 구청에
가보자.
빨랑빨랑
따라와~

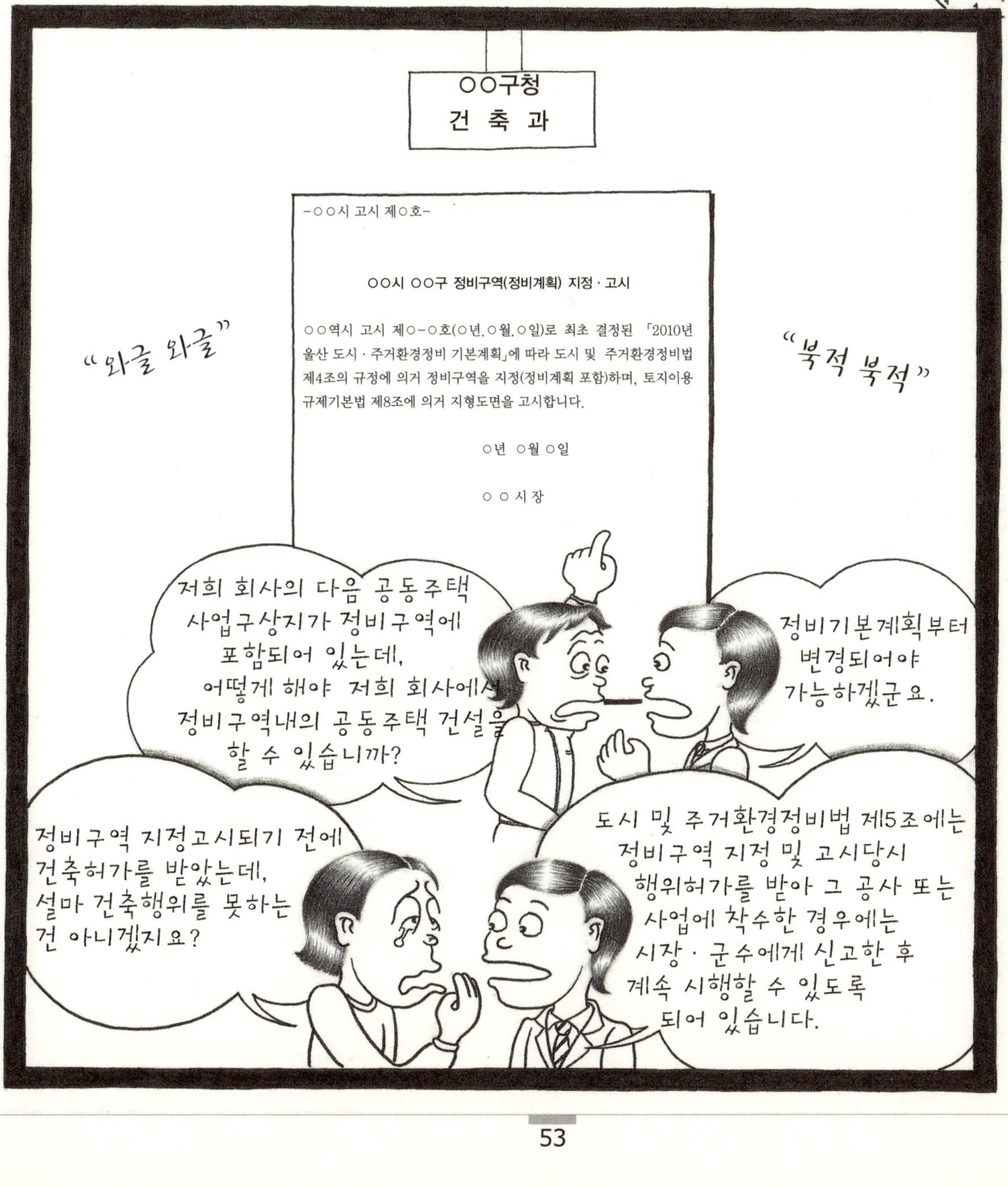

OO구청
건 축 과
-○○시 고시 제○호-
○○시 ○○구 정비구역(정비계획) 지정 · 고시
○○역시 고시 제○-○호(○년.○월.○일)로 최초 결정된 「2010년 울산 도시 · 주거환경정비 기본계획」에 따라 도시 및 주거환경정비법 제4조의 규정에 의거 정비구역을 지정(정비계획 포함)하며, 토지이용규제기본법 제8조에 의거 지형도면을 고시합니다.
○년 ○월 ○일
○ ○ 시 장
"와글 와글"
"북적 북적"
저희 회사의 다음 공동주택 사업구상지가 정비구역에 포함되어 있는데, 어떻게 해야 저희 회사에서 정비구역내의 공동주택 건설을 할 수 있습니까?
정비기본계획부터 변경되어야 가능하겠군요.
정비구역 지정고시되기 전에 건축허가를 받았는데, 설마 건축행위를 못하는 건 아니겠지요?
도시 및 주거환경정비법 제5조에는 정비구역 지정 및 고시당시 행위허가를 받아 그 공사 또는 사업에 착수한 경우에는 시장 · 군수에게 신고한 후 계속 시행할 수 있도록 되어 있습니다.

정비기본계획 수립이 안되어
있는 곳인데요.
그래도 꼭 필요한 곳인데
정비계획수립과 정비구역을
기본계획 수립 없이
지정받을 수 없나요?
저... 대단히 곤란합니다.
정비계획은 기본계획에
적합한 범위 안에서
수립하도록 되어 있거든요
"웅성 웅성"
"북적 북적"
이제 진짜 재개발 · 재건축
사업이 시작된 거야.
정비구역이 지정되면
저 사람들의 운명이
도대체 어떻게 되길래
저렇게 궁금한 게
많은 걸까?
사업대상지의 위치와 면적이
확정되었기 때문에 좋건 싫건
조합원이 되는 거지.
이제부터는 정비사업이 진행될
것이 법적으로 선언되었기
때문에 이에 반하는 건축행위를
제한받게 돼.
한마디로 재개발 · 재건축
사업을진행할 사람들이
된 거군.
그리고 앞으로 진행되는
조합설립인가,
사업시행인가 등의 행정처분과
당사자간의 합의가 유효하게 되는
효과가 있지.

제2단계 사업시행단계

1. 사업을 위한 준비행위를 하는 추진위원회

친구들아, 정비구역 지정도 되었으니, 추진위원회를 만들 단계가 되었어. 마음 맞는 젊은 우리들이 모여 추진 위원회를 만들자. 어때?
어머니, 어차피 동의할 건데 추진위원회 건너 뛰고 바로 조합을 설립해요.
이놈아, 2년이하의 징역 또는 2천만원 이하의 벌금을 받고 싶으냐? 추진위원회는 주민총회에서 토지등소유자 과반수의 동의를 받아 5인 이상의 위원으로 조직을 구성하고 관할 관청으로부터 승인을 받아야 되잖냐. 추진위원회란 그래 뵈도 조직과 실체를 가진 비법인 사단이야.
으이구, 아까 그 법조항을 보면 조합을 설립하고자 하는 경우에는 조합설립추진위원회를 설립하라고 되어 있잖냐. 조합을 설립하려면 추진위원회 구성은 의무야 의무!
추진위원회를 구성하려면 주민총회를 개최해서 토지등소유자 과반수의 동의를 받아야 한다구?... 우리들이 덤비기엔 조금 힘들겠군. 친구들아, 내가 잘 아는 정비관리업자가 있는데, 나중에 꼭 시켜준다고 하고 우선 도와달라고 부탁하는 게 어때?
어머니, 설계자는 추진위원회 단계에서 명문의 근거가 없던데... 개략적인 설계를 위해 건축사사무소를 우선 협상대상자로 선정하는 건 설마 괜찮겠지요?
야, 이놈아, 업체를 미리 선정했다고 업무상 배임 등으로 고소되고 싶으냐? 정비관리업자 선정은 추진위원회가 승인되고 나서 수행할 업무잖냐?
친구들아, 정정할게. 그 정비관리업자에게 그냥 봉사해 달라고 하든지 아님 우리가 직접 모든 일을 하자. 어떻게 할래?
이놈아, 법만 보고 하위법은 안보냐? 국토해양부장관이 고시한 『정비사업조합설립추진위원회 운영규정』을 보면 건축사사무소의 선정은 승인을 득한 추진위원회가 주민총회의 의결을 거쳐 선정하도록 되어 있잖냐.

경 -○○재개발사업구역(최초) 주민총회 개최- 축
에- 주민여러분, 앞으로 우리 동네가 재개발을 하려면 토지등소유자 과반수의 동의를 얻어 추진위원회를 구성해야 됩니다. 구성은 위원장과, 감사를 뽑고, 위원의 수는 토지등소유자의 10분의 1이상으로 해야 되는데, 5인 이하일 때는 5인, 100인을 초과할 때는 100인으로 할 수 있습니다. 동의서는 입장하실 때 나눠드린 건설교통부장관이 고시한 추진위원회 운영규정 별지1 서식입니다. 우리 재개발구역의 추진위원회 운영규정도 작성하여 붙여드렸으니 잘 보시고 동의해 주시기 바랍니다.
추진위원회가 구성되면 추진위원회가 어떤 일을 하게 됩니까?
정비사업전문관리업자를 선정하고, 개략적인 사업시행계획서를 작성하기 위해서 건축사사무소를 선정할 겁니다. 또 조합의 설립인가를 받기 위한 준비업무인 조합창립총회와 조합정관의 초안을 작성하고요. 토지등 소유자의 동의서를 받는 일을 할 겁니다.
추진위원회가 토지등소유자의 동의를 받을 때는 언제죠?
추진위원회의 구성에 동의한 토지등소유자의 과반수의 동의가 필요할 때는 정비사업전문관리업자 선정, 사업시행계획서를 작성할 때입니다.
추진위원회는 언제까지 운영되는 겁니까?
관할 관청의 추진위원회 승인일부터 조합설립인가 후 조합에 회계장부 및 관련서류를 인계하는 날까지입니다.

경 -○○재개발사업구역 주민총회 개최- 축
근데 운영비용은 누가 내지? 시공업자가 내주나? 정비관리업자가 내주나?
이 사람아, 우리 사업인데 우리가 내야지 금융기관과 정비사업전문관리업자 등으로부터의 차입금, 관할 관청이 융자하는 융자금도 재원이 될 수는 있지만 엄연히 빌리는 돈이라구. 운영경비를 부과할 때는 추진위원회의 의결을 거치고, 추진위원회 구성에 찬성한 토지등소유자의 부동산의 위치·면적·환경 등 종합적으로 고려해서 공평하게 부과하지.
이렇게 모이기도 힘든데 동의서 1통으로 앞으로 시행할 조합설립, 조합정관, 사업 시행인가 동의용으로 다 함께 사용하면 안되나?
이 양반이 큰일날 소리하네요. 사업절차의 투명화로 각종 분쟁을 방지하기 위하여 그 단계마다 조합원의 동의를 받도록 한 것인데 어떻게 통합해서 사용해요?
저기 슈퍼 아저씨가 아는 것도 많고 사람도 좋은데 추진위원회 위원장이나 감사하면 좋겠구만
그 아저씨는 안돼. 위원장·부위원장·감사는 『사업시행구역 안에 1년 이상 거주하고 있는 자』로 선출하라고 되어 있거든. 하지만, 토지등소유자이니까 1년이상 거주하지 않아도 가능한 일반위원은 될 수 있을 거야
추진위원장
부위원장
감사
주민여러분! 토지등소유자 과반수의 동의를 얻은 추진위원회 임원들입니다. 우리 동네 재개발사업을 위해 열심히 일하겠습니다.

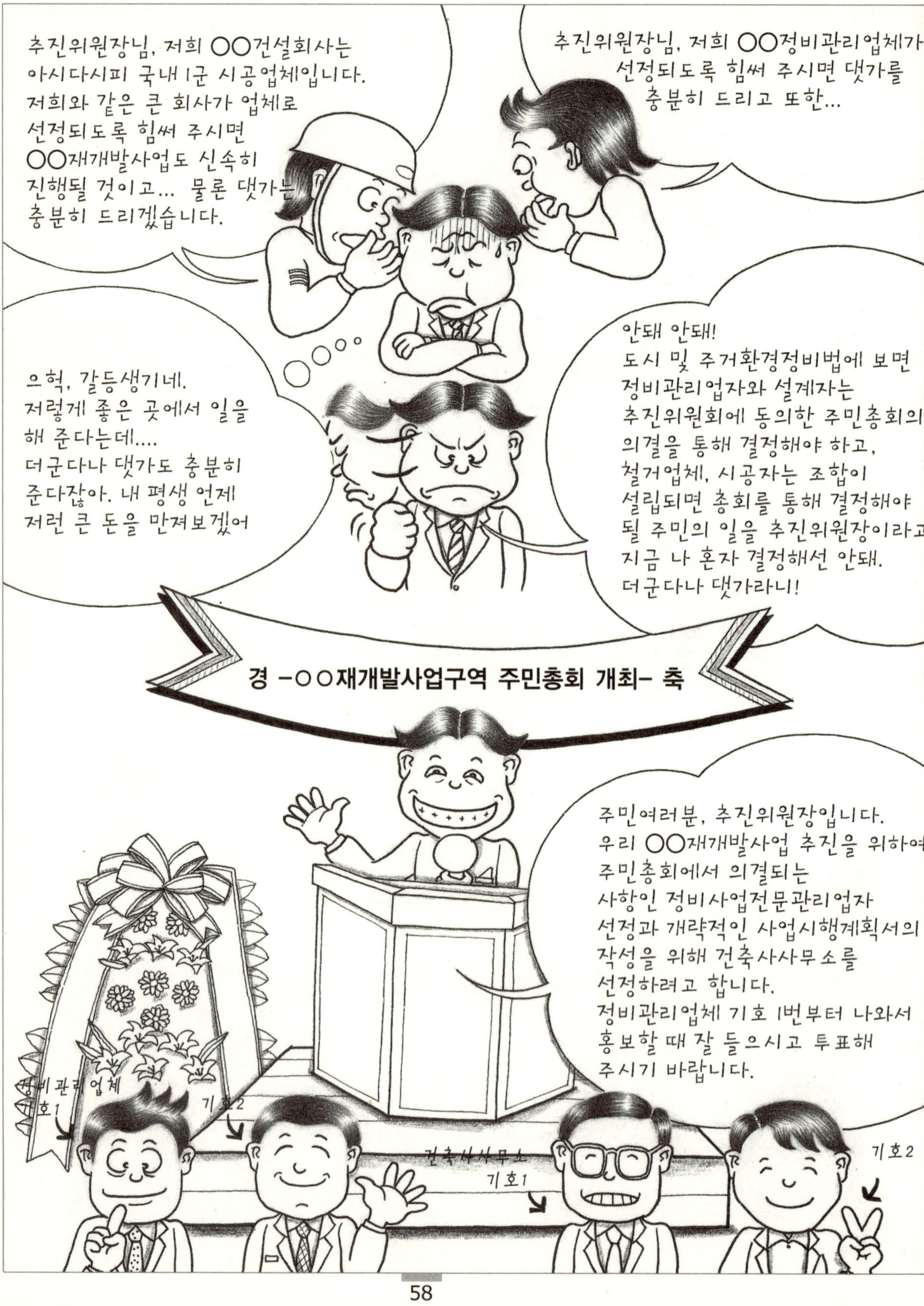
추진위원장님, 저희 OO건설회사는 아시다시피 국내 1군 시공업체입니다. 저희와 같은 큰 회사가 업체로 선정되도록 힘써 주시면 OO재개발사업도 신속히 진행될 것이고... 물론 댓가는 충분히 드리겠습니다.
추진위원장님, 저희 OO정비관리업체가 선정되도록 힘써 주시면 댓가를 충분히 드리고 또한...
으헉, 갈등생기네. 저렇게 좋은 곳에서 일을 해 준다는데.... 더군다나 댓가도 충분히 준다잖아. 내 평생 언제 저런 큰 돈을 만져보겠어
안돼 안돼! 도시 및 주거환경정비법에 보면 정비관리업자와 설계자는 추진위원회에 동의한 주민총회의 의결을 통해 결정해야 하고, 철거업체, 시공자는 조합이 설립되면 총회를 통해 결정해야 될 주민의 일을 추진위원장이라고 지금 나 혼자 결정해선 안돼. 더군다나 댓가라니!
경 -○○재개발사업구역 주민총회 개최- 축
주민여러분, 추진위원장입니다. 우리 OO재개발사업 추진을 위하여 주민총회에서 의결되는 사항인 정비사업전문관리업자 선정과 개략적인 사업시행계획서의 작성을 위해 건축사사무소를 선정하려고 합니다. 정비관리업체 기호 1번부터 나와서 홍보할 때 잘 들으시고 투표해 주시기 바랍니다.
정비관리업체 기호1
기호2
건축사사무소 기호1
기호2

2. 조합의 조력자, 정비관리업자

정비관리업자가 왜 생겼지?
다른 법에 의해 등록한 컨설팅업체 (공인중개사무소, 설계사무소 등)가 컨설팅 명목으로 사업에 참여하여 각종 위법 · 탈법행위 행하는 경우 발생
도시 및 주거환경정비법 시행이전
재개발 · 재건축사업 추진시 사업계획 작성, 조합경비 및 사업자금 대여, 관계법률 검토 등 시공사 전적 의존하여 시행
이렇게 어렵고 절차가 복잡한 사업을 해본적도 없는 우리 주민들이 뭘 알겠수? 그냥 따라가는 거지

도시 및 주거환경정비법
아-우, 조합이 전문성이 없으니 각종 비리와 분쟁, 조합원 피해 등 시행착오와 비용낭비가 심각해. 이래선 도저히 안되겠다. 조합의 전문성 부족을 어떡하든지 보완해야 해!

도시 및 주거환경정비법 시행이후
?!
짠! 제3의 사업관계인 등장
안녕하세요? 도시 및 주거환경정비법이 보낸『정비관리업자』라고 해요. 여러분 조합의 전문성 부족을 보충해드리기 위한 도우미입니다. 저희들은 앞으로 각종 행정계획의 인가신청 등 여러분들이 사업판단을 할 수 있도록 힘껏 도와드릴 꺼예요. 예쁘게 봐주세요.~ 오 물론 공짜는 아니예요.

구체적으로 어떤 일을 하지?

♣ 조합업무의 대행 : 조합설립의 동의 및 정비사업의 동의에 관한 업무, 조합설립인가의 신청에 관한 업무, 사업시행인가의 신청에 관한 업무, 관리처분계획의 수립에 관한 업무

♣ 기타 : 사업성 검토 및 정비사업의 시행계획서의 작성, 설계자 및 시공자 선정에 관한 업무의 지원

※ 철거, 설계(건축사), 시공, 회계감사(세무사) 등은 병행하여 수행할 수 없어요!

어떤 사람들이길래 조력자가 될 수 있을까?

도시 및 주거환경정비법이 정하는 기준을 갖추고 국토해양부장관에게 등록한 자

(일정 자본금(10억원(법인은 5억원)이상) + 건축사,감정평가사,공인회계사, 변호사,법무사,세무사 등 5인이상 전문가 확보)

어떻게 선정하지?

♣ 추진위원회에서 선정시
: 추진위원회 승인을 얻은 후 국토해양부장관이 정하는 경쟁입찰의 방법으로 주민총회에서 선정

♣ 조합에서 선정시
: 경쟁입찰의 방법으로 총회에서 선정

정비관리업자가 저지를 수 있는 나쁜 짓

♣ 추진위원회와 정비관리업의 계약을 체결하지 않은 상태에서, 시공자의 부탁을 받고 시공자 선정을 위한 컨설팅작업을 하는 경우

♣ 저가입찰을 통해 선정된 정비관리업자가 용역비 인상을 대가로 추진위원 또는 조합임원 등에게 금품을 제공하는 행위

♣ 시공자 변경행위에 참가하여 철거권 또는 붙박이장 등의 영업권을 받는 행위 등

▶ 이런 짓을 하면 검찰에 구속됩니다.

"혹시 나쁜짓 하나 잘 보세요."

3. 사업시행계획서를 작성하는 설계자(건축사사무소)

건축사사무소(설계자)는 구체적으로 어떤 일을 하지?

♣ **설계용역의 범위는 어떤 규정이나 기준이 없으나 일반적으로**

- 설계용역 업무수행을 위한 사업부지에 대한 측량과 측량성과도 작성,
- 지질조사 및 보고서 작성, 굴토공사 계획 설계, 토목설계, 토목심의
- 입지심의, 경관심의, 건축심의
- 사업계획승인에 필요한 계획 설계, 기본설계, 실시설계, 도서작성(토목 · 건축 · 전기 · 기계 · 가스설비 · 오수정화설비 · 저수시설 등), 공사시방서 및 각종 계산서 작성 등

와 멋지다.
우리가 저런 아파트에서
살게 된다 말이지?

건축사사무소(설계자)는 언제 선정하지?

♣ 조합에서 총회의결을 거쳐 설계자를 선정하며,

♣ 추진위원회에서 개략적인 사업시행계획서의 작성을 위해 선정할 수 있는데 이때 선정된 건축사사무소의 계약기간은 추진위원회 운영기간까지로 국한되어 있음.

※ 조합에서는 건축사사무소라는 용어 대신에 설계자라는 용어 사용

4. 재개발 · 재건축사업을 이끌어가는 사업시행자

이모 과일
622-7381~2
태양문구사
방수전문
622-1999
시장길
이 동네가 재개발 된데.
정말요? 야 좋겠다. 그런데, 건축주라고 할 수 있는개발사업의 주체인 사업시행자가 누구예요?

누구긴 누구야. 당연히 토지등소유자로 구성된 조합이지.

재개발 · 재건축사업은 조합이 시행하는 것이 원칙이긴 하지만, 조합이 조합원 과반수의 동의를 얻어 공동사업시행자와 공동으로 시행하거나
천재지변 등 불가피한 사유로 긴급히 사업을 시행해야 할 경우 등에 시장 · 군수가 직접 시행하거나 조합이외의 자를 단독시행자로 지정하여 시행하게 할 수 있어.

공동시행자
▶ 재개발사업 : 시장 · 군수, 주택공사 등, 건설업자, 등록사업자, 신탁회사, (주)한국감정원
▶ 재건축사업 : 시장 · 군수, 주택공사 등
시장 · 군수가 직접 시행하거나 지정개발자 또는 주택공사 등을 단독시행자로 지정
▶ 지정개발자의 조건⇒토지등 소유자의 50%이상의 추천을 받은 자
▶ 시행요건
① 천재 · 지변 그밖의 불가피한 사유로 긴급히 시행 필요
② 정비사업 시행예정일부터 2년 이내에 사업시행인가를 미신청 및 신청내용이 위법 또는 부당시
③ 지방자치단체의 장이 도시계획사업과 병행하여 시행할 필요가 있을시
④ 추진위원회가 승인일로부터 2년 이내 조합설립인가 미신청 및 조합이 인가후 3년 이내에 사업시행인가 미신청시 등
(시행일: 2009.8.7)

아, 그렇구나... 그런데, 엄마 얼마 전 보니까 이 동네 추진위원회가 구성되었던데, 추진위원회에서 건설업자를 공동사업시행자로 선정하면 되겠네요.
엄마 말을 주의 깊게 듣지 못했구나. 공동사업시행자와 시행하려면 조합이 조합원 과반수의 동의를 얻어야 된다고 하지 않았니? 그러니 조합이 설립된 후에 선정해야 하는 거야.

5. 사업시행자인 정비조합의 설립

(1) 정비조합의 이해

양씨
방수전문
622-1999
어머나 김밥
시장길
경 - 조합설립 창립총회 개최- 축
-일시 : ○○년○월○일 - 장소 : ○○○
○○구역 정비사업조합
조합장 후보 기호 1번 ○ ○ ○
담배
아이스크림
조합, 조합 하는데
조합이 도대체 뭐야?
재개발 · 재건축사업을
목적으로
결성된 토지등소유자의
단체이지.
근데 조합을
꼭 만들어야 되나?
생각해봐. 토지등소유자 전원이
사업시행자가 되어야 하지만,
그게 아주 불편하고 어려운 일이잖아
그래서 사업목적 달성을 위해
조합이라는 특수법인을 한시적으로
설립하고 운영하는 거지.
또 한가지 이유는 아파트 등을
건설하기 위해 조합소유의 재산을
확보하려면 조합이 대상지역의
토지소유권을 확보해야 하거든.

경
- 조합설립 창립총회 개최-
-일시 : ○○년○월○일 - 장소 : ○○○
축
○○구역 정비사업조합
조합장 후보 기호 1번 ○ ○ ○
안 그래도 반대하는 참에, 딱 걸렸어. 조합설립인가 받기도 전에 창립총회를 열려고 하다니!
공부좀 해라. 공부! 법에 보면 추진위원회는 조합설립인가 신청전에 조합설립을 위한 창립총회를 개최하라고 되어 있잖아. (시행일: 2009.8.7)
그으래? 반대하는 주민들도 창립총회에 참석할 수 있겠지?
재개발사업은 구역 내의 토지등 소유자 전원이 참석할 수 있지만 재건축사업은 재건축에 동의하여 조합에 가입의사를 밝힌 구분소유자들만이 참석할 수 있어.
뭐라구? 대체 그 이유가 뭐야?
재개발사업의 조합원은 정비구역 안에 소재한 토지등소유자가 동의여부에 관계없이 무조건 조합원이 되지만, 재건축사업은 조합설립에 동의한 자가 조합원이 될 수 있기 때문이지. 한마디로 재개발사업은 강제가입제이고 재건축사업은 임의가입제라고 할 수 있지.
조합이 얼마나 대단한 지위를 가지고 있다고 그리 난리야?
대단하긴 하지. 국가 또는 자치단체를 대신해 재개발사업과 관련된 각종 권력적 행정처분권을 행사할 수 있는 공행정주체(公行正柱體)로서의 지위를 가지고 있거든.
음...대단하긴 하군.

(2) 조합총회

– 조합설립의 동의(同意)

경
– 조합설립 창립총회 개최–
–일시 : ○○
장소 : ○○○
축
– 총회 안건 –
1.조합정관 결의 및 업무규정
2.조합장, 감사 및 이사 선출의 건
3.대의원 인준의 건
4.추진위원회 결산 및 조합운영 예산(안) 승인의 건
5.총회결의사항에 대한 위임의 건
6.조합설립동의서 작성에 관한 건
○○구역 토지등소유자 여러분! 추진위원장입니다. 오늘 감격스런 조합창립총회에 이렇게 많이 참석해 주셔서 감사드립니다. 오늘 창립총회에서 처리할 안건은 다음과 같이 총 6개의 안건이며, 조합설립의 동의율은 재개발사업은 토지등소유자의 3/4이상이고, 재건축사업은 각동별 구분소유자의 각 2/3이상의 동의와 주택단지안의 전체 구분소유자의 3/4이상 및 토지면적의 2/3 이상의 토지소유자의 동의가 되어야 조합설립인가 신청을 할 수 있으니 많은 찬성 부탁드리며....
서면투표함
조합장투표함
감사투표함
(시행일: 2009.8.7)
사업비용과 조합원 부담 내용이 어디 적혀 있어? 그걸 알아야 동의를 하든지 말든지 하지.
여기 동의서에 서류가 붙어있잖아. 건설되는 건축물의 설계개요, 기존건축물 철거 및 신축에 소요되는 비용의 개략적인 금액, 철거 및 신축에 소요되는 비용의 분담에 관한 사항, 사업완료후 구분소유권의 귀속에 관한 사항, 조합정관... 있을 건 다 적혀 있구만.

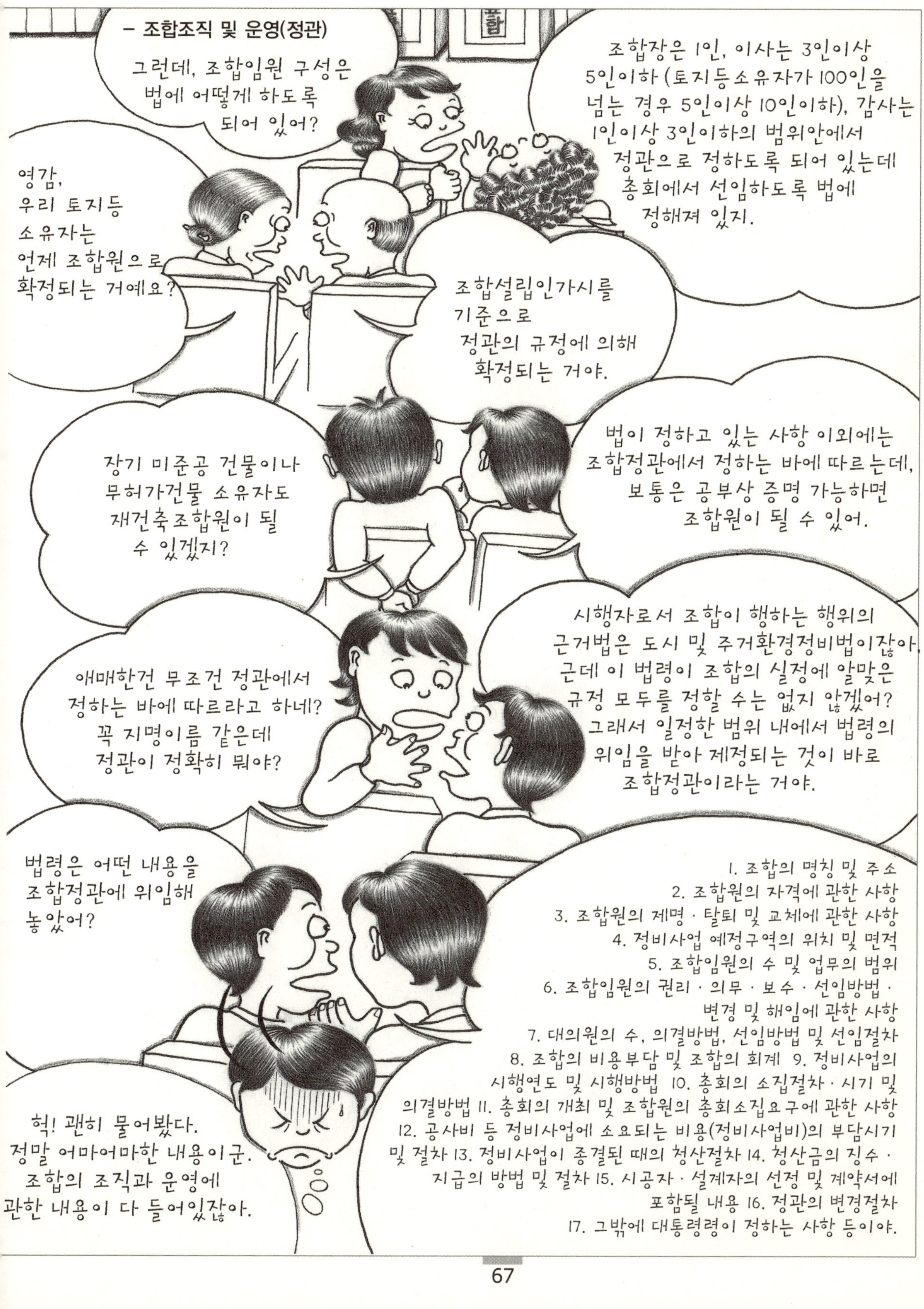
- 조합조직 및 운영(정관)
그런데, 조합임원 구성은 법에 어떻게 하도록 되어 있어?
조합장은 1인, 이사는 3인이상 5인이하 (토지등소유자가 100인을 넘는 경우 5인이상 10인이하), 감사는 1인이상 3인이하의 범위안에서 정관으로 정하도록 되어 있는데 총회에서 선임하도록 법에 정해져 있지.
영감, 우리 토지등 소유자는 언제 조합원으로 확정되는 거예요?
조합설립인가시를 기준으로 정관의 규정에 의해 확정되는 거야.
장기 미준공 건물이나 무허가건물 소유자도 재건축조합원이 될 수 있겠지?
법이 정하고 있는 사항 이외에는 조합정관에서 정하는 바에 따르는데, 보통은 공부상 증명 가능하면 조합원이 될 수 있어.
애매한건 무조건 정관에서 정하는 바에 따르라고 하네? 꼭 지명이름 같은데 정관이 정확히 뭐야?
시행자로서 조합이 행하는 행위의 근거법은 도시 및 주거환경정비법이잖아. 근데 이 법령이 조합의 실정에 알맞은 규정 모두를 정할 수는 없지 않겠어? 그래서 일정한 범위 내에서 법령의 위임을 받아 제정되는 것이 바로 조합정관이라는 거야.
법령은 어떤 내용을 조합정관에 위임해 놓았어?
1. 조합의 명칭 및 주소 2. 조합원의 자격에 관한 사항 3. 조합원의 제명 · 탈퇴 및 교체에 관한 사항 4. 정비사업 예정구역의 위치 및 면적 5. 조합임원의 수 및 업무의 범위 6. 조합임원의 권리 · 의무 · 보수 · 선임방법 · 변경 및 해임에 관한 사항 7. 대의원의 수, 의결방법, 선임방법 및 선임절차 8. 조합의 비용부담 및 조합의 회계 9. 정비사업의 시행연도 및 시행방법 10. 총회의 소집절차 · 시기 및 의결방법 11. 총회의 개최 및 조합원의 총회소집요구에 관한 사항 12. 공사비 등 정비사업에 소요되는 비용(정비사업비)의 부담시기 및 절차 13. 정비사업이 종결된 때의 청산절차 14. 청산금의 징수 · 지급의 방법 및 절차 15. 시공자 · 설계자의 선정 및 계약서에 포함될 내용 16. 정관의 변경절차 17. 그밖에 대통령령이 정하는 사항 등이야.
헉! 괜히 물어봤다. 정말 어마어마한 내용이군. 조합의 조직과 운영에 관한 내용이 다 들어있잖아.

(3) 동의의 철회(撤回)

아저씨, 있잖아요.
조합원은 조합원인데
분양받지 못하고 현금으로
청산받는 조합원도
있다면서요?
응, 정비구역내 부동산을
소유하고 있지만 분양자격이
없는 조합원을 말해.
각 시도별 조례로 규정되어 있어.
시장길
- 조합설립 총회 통과 -
경
축
○○○ 구역 조합장 ○○○
공사일절
견적무료
방수전문
664-7626
아이쿠나, 이를 어쩌지?
조합 설립 동의를 철회해야
하는데
조합설립 총회를 통과해
버렸으니..
재개발사업은 조합설립에
동의하든지 안하든지 조합원의
지위와는 상관이 없고 단지 조합설립
인가 전에 동의를 철회하면
동의자 수에서 제외만 하면 되는 거지.
반면 재건축사업은 조합설립의 동의가
조합원의 지위를 결정하는 중요한 요소가
되므로, 조합설립인가 전에 동의를
철회하려면 인감과 인감증명서를
제출해야 하고, 조합설립 이후에는
동의철회가 허용되지 않아.
그래?
조합설립인가
신청하기 전에
어서 빨리 가서
동의철회 해야겠다.

(4) 조합설립인가의 신청

OO구청
건 축 과
저..OO구역 조합장입니다. 조합설립인가 신청을 하러 왔습니다.
여기, 「조합설립인가신청서」에다가 첨부서류인 1.조합정관 2.조합원 명부와 조합원자격을 증명하는 서류 첨부하고, 3. 토지등소유자의 조합설립동의서 및 동의사항을 증명하는 서류, 4.창립총회 회의록에다가 총회참석자 연명부 첨부했습니다.
조합설립 인가 신청서
....
그리고 5. 조합장 선임동의서(인감증명서)와 6. 토지 · 건축물 또는 지상권이 수인의 공유에 속하는 경우에는 그 대표자의 선임동의서 7. 창립총회에서 임원 · 대의원을 선임한 때에는 선임된 자의 자격을 증명하는 서류 8. 주택건설 예정세대수, 주택건설예정지의 지번 · 지목 및 등기명의자, 도시관리계획상의 용도지역, 대지 및 주변현황을 기재한 사업계획서 9. 그 밖의 조례가 정하는 서류......법에 따라 완벽하게 첨부했습니다.
사업계획서
조합장선임 동의서
헉헉 숨차라.
....
저.. 최대한 빨리 부탁합니다.
검토 후 처리해 드리도록 하겠습니다.
끄덕끄덕
"아무렴, 그래야지요."
어떻게든 빠른 처리가 중요한데.. 하나하나 검토하려면 오래 걸리겠군.
법에 따라 공정하게 처리하겠습니다. 즉, 법령에서 정한 요건이 충족되었는지, 조합정관의 내용이 법령에 위반하지 않는가를 심사할 겁니다.

(5) 조합설립인가 및 변경인가

신청할 때와 내용이 달라지면 어떻게 변경하지?
최초의 설립행위와 마찬가지로 일정한 동의율과 동의내용을 갖추어서 변경인가를 신청해야 하지.
뭐라구? 변경이 생기면 안되겠는 걸.
하지만 경미한 변경사항은 조합원의 동의 없이 시장 · 군수에게 신고하고 변경할 수 있어. 즉, 1. 조합의 명칭 및 주된 사무소의 소재지와 조합장의 주소 및 성명 2. 토지 또는 건축물의 매매 등으로 조합원의 권리가 이전된 경우의 조합원의 교체 또는 신규가입 3. 정비구역 또는 정비계획의 변경에 따라 변경되어야 하는 사항 4. 시도조례가 정하는 사항이야.
드디어 승인이 났군 그래.
밥
양씨과일
경
○○구청 조합설립인가 승인
축
승인일자 : ○○년 ○월 ○일
담배
조합정관을 변경해야 할 땐 어떻게 하지?
총회를 개최하여 조합원 과반수의 동의를 얻어 시장 · 군수의 인가를 받아야 해. 하지만, 역시 경미한 사항은 법 또는 정관이 정하는 방법에 따라 변경하고 시장 · 군수에게 신고해야 하지. 즉, 조합의 명칭 및 주소, 조합의 임원의 수 및 업무의 범위, 조합임원의 권리 · 의무 · 보수 · 선임방법 · 변경 및 해임에 관한 사항, 총회의 소집절차 · 시기 및 의결방법, 공고 · 공람 및 통지의 방법, 총회의 의결을 거쳐야 할 사항의 범위, 조합직원 채용 및 임원중 상근임원의 지정에 관한 사항과 직원 및 상근임원의 보수에 관한 사항, 그외 시도조례가 정하는 사항이야.

(6) 정비조합설립 등기
조합장님, 어디 가세요.
나라에서 조합설립 인가를 받았으니 정식 법인으로 조합 설립등기 하러 가는 중이야. 법에 보면 설립인가를 받은 날부터 30일 이내에 등기하라고 되어 있거든.
아참, 이달 말경에 정기총회를 개최할 생각이야. 조합원 전원으로 구성된 최고의 의사결정기관인 총회의 소집은 조합장의 직권 또는 조합원 1/5이상 또는 대의원 2/3 이상의 요구로 조합장이 소집하도록 되어 있잖아.
무슨 의결사항이 있으셔서요?
정관도 변경해야 하고, 설계자도 선정해야 하고..
에이- 힘들게 뭐하러 또 총회를 개최해요? 총회 한번 하려면 얼마나 힘든데.. 총회를 대행하는 대의원을 뽑았는데 그냥 대의원회에서 대행하면 되잖아요.
힘든 걸 누가 모르나? 조합장을 뭘로 보고!
법에 총회의 의결사항이 딱 정해져 있는데 무슨 소리야!
1. 정관의 변경 2.자금의 차입과 그 방법 · 이율 및 상환 방법
3. 정비사업 비용의 금액 및 징수방법 4. 정비사업비의 사용
5. 예산으로 정한 사항외에 조합원의 부담이 될 계약
6. 철거업자 · 시공자 · 설계자 또는 감정평가업자의 선정 및 변경
7. 정비관리업자의 선정 및 변경 8. 조합임원의 선임 및 해임
9. 정비사업비의 조합원별 분담내역
9의2. 사업시행계획서의 수립 및 변경
10. 관리처분계획의 수립 및 변경
11. 청산금의 징수 · 지급과 조합해산시의 회계보고
12.그밖에 조합원에게 경계적 부담을 주는 사항 등
주요 사항을 결정하기 위하여 필요한 사항으로서 대통령령 또는 정관이 정하는 사항
언제 이렇게 공부를 많이 했냐?
괘씸한 놈.. 그래도 조합장인데

(7) 조합임원 등의 비리유형과 형사처벌

우리 업체
(철거업체,
섀시 및 붙박이장
업체)가
선정되도록 잘
부탁드립니다.
조합장님!
우리 시공사가 선정되도록
힘 좀 써주십시오.
안돼! 안돼! 형사처벌 되기 싫어.
조합임원은 조합법인설립 등기를 마친 때
공무원신분을 갖추는 것으로 보고,
정비관리업자는 조합과
정식 계약체결하고 서명날인 할 때부터
공무원신분을 갖추는 것으로 본다는데,
조합법인 설립등기까지 마쳤으니,
공무원신분으로 처벌받을 거 아냐.
받어?
말어?
신속한 사업진행을 위해
사업시행인가나 관리처분
계획인가 받을 때
담당공무원에게
뇌물을 좀 줘야 됩니다

시공사의 입찰보증금

이것 봐요. 『도시 및 주거환경정비법』
에 의해 2년이하의 징역 또는
2천만원 이하의 벌금을
받고 싶어요?
어허! 『도시 및 주거환경정비법』에
의해 1년이하의 징역 또는
1천만원 이하의 벌금을
받고 싶어요?
조합장님!
이 안건은 법에는
총회의 의결을
받아야 된다고 되어
있지만 경미한 사항이니까
총회의 의결을 거치지 말고
조합장님 권한으로 그냥 추진하죠
조합장님!
이번 서류는 조합원에게
공개시 시끄러울 것
같은데 공개하지
말도록 하죠.

6. 재건축사업 반대자들의 소유권 확보, 매도청구소송

영감, 내용증명으로 『최고서』라고 적힌 우편이 왔는데, 이게 도대체 뭐예요?
최고서
수신 : ○○시 ○동 ○○아파트 ○동 ○호 ○○○귀하
제목 : 재건축조합설립의 동의여부 회답에 대한 최고
1. 당 재건축조합에서 추진하고 있는 ○○아파트의 재건축사업에 관하여 귀하께서는 아직까지 재건축조합설립에 동의하지 아니하였는바, 도시정비법 제39조 및 집합건물법 제48조제1항에 의거 재건축조합설립의 동의여부를 다시 최고하오니 이 최고서를 받으신 날로부터 2월이내에 참가여부를 서면으로 회답하여 주시기 바랍니다.
2. 만약 위 기간내에 서면회답이 없을 경우에는 위 도시정비법 제39조 및 집합건물법 제48조제1항에 의거 재건축에 참가하지 아니하는 것으로 간주하여 귀하 소유의 구분소유권 및 대지사용권을 시가에 따라 매도청구할 것임을 알려드립니다.
○○년 ○월 ○일
○○시 ○구 ○동 ○○아파트 재건축조합조합장 ○○○(인)
음… 조합설립에 동의를 안했더니, 드디어 올것이 왔군.
우리부부가 이 아파트 안에서 최고로 나이가 많다고 특별히 보낸 건가?
2개월 이내에 회답하지 않으면, 재건축에 참가하지 않겠다는 것으로 보고, 매도청구(賣渡請求)를 하겠다는 뜻이야.
매도청구란 재건축사업에 있어 사업시행자가 조합설립에 동의하지 않은 자의 토지 및 건축물의 매도(賣渡)를 청구하는 제도야.
…
별거 아니네요. 영감. 안 팔겠다고 하면 그만이잖아요.

그게 안돼. 재건축사업은 공공개발사업이기 때문에 상대방의 동의없이 일방적으로 매도청구가 이루어지는 거야.
그래서 매도청구의 의사가 적법하게 표시되면, 사업시행자와 미동의자 사이에는 매매계약과 유사한 법률관계가 생기게 되지.
뭐라구요? 우리가 동의하지 않아도 그냥 매매가 이루어 진다구요? 그렇다면 빼앗아가는 거랑 뭐가 틀려요?
왜 나한테 화를 낸담.
『도시 및 주거환경정비법』상 공공개발사업으로 보기 때문에 어쩔 수 없어... 매도청구권은 보통 소송을 걸어 재판을 거쳐서 이루어지지.
이런 중요한 일을 나만 알고 있을 순 없지.
이번에 새로 재개발구역에 지정된 지역에 사는 우리 친구에게도 매도청구에 대해 미리 말해줘야겠어요.
재개발구역? 재개발은 매도청구가 아니라 토지수용인데!!
할멈! 매도청구는 재건축사업에만 있는 거야. 재개발사업은 토지수용이라고! 소유권 박탈이라는 점에서 아주 비슷하긴 하지만, 소유권이전 시기, 방법 등 차이가 있다고.
에휴~ 이 어려운 걸 어떻게 이야기 한담..

7. 공사를 도급받는 자, 시공자의 선정

(1) 시공사 선정 시기 및 배경

새개발
왜 이제 와서 시공자 선정한다고 이렇게 난리야?
시공자 선정은 조합설립인가를 받은 후에 총회에서 경쟁입찰의 방법으로 선정하도록 법에 규정되어 있거든.
다른 단계 때와 달리 시공자 선정시기를 명확히 규정해 놓은 이유가 있어?
건설업계의 과열 · 과다 경쟁을 억제하고 부정 · 비리가 개입할 소지를 없애자는 취지에서 2006.5.24 법이 개정되었어.
조합원님들의 꿈을 실현시켜 드립니다.
○○건설회사(주)
만약 선정시기를 위반하게 되면, 선정한 자와 선정된 자 모두3년이하의 징역 또는 3천만원 이하의 벌금을 받게 돼.
○○동 주거수준을 한단계 높이는 아파트를
○○건설회사(주)

공사정부
건적도
방수전
페인트 542-109
재개발전문
매매 542-9
정비길
시공자 합동홍보설명회 개최
– 개최일자 : ○○년 ○월 ○일 – 장소 : ○○○
○○구역 주택정비사업조합
우리 구역 시공은 1군 건설업체만 시공해야 할 텐데... 조합이 알아서 잘 하겠지?
그게 맘대로 되겠어? 시공자 선정 때 조합의 비리를 근절하고자 2006.8.25 국토해양부장관이 제정 · 고시한『정비사업의 시공자 선정기준』에 보면, 조합이 시공자를 선정하려면, 경쟁입찰의 방법으로 선정하도록 되어 있고, 건설업자등의 자격을 제한하거나, 지명하여 경쟁에 부칠 수도 있도록 되어 있거든.
다른 구역 얘기 들어보니까, 옛날에는 시공사들이 집집마다 개별로방문해서 선물도 주면서, 설명도 상세히 해주었다는데, 요즘은 왜 그런 것도 없냐? 너무해!
으이구~ 건설사들이 지나친 수주전으로 주민갈등도 발생하고, 과열, 혼탁등 문제가 많아지니까 2006.8.25일『정비사업의 시공자 선정기준』이 제정되면서부터 금지되었잖아.
또한 조합원 상대로 개별적인 홍보 및 사은품 제공을 금지시키고, 합동홍보설명회를 개최하도록 규정해 놓았어. 저기 합동홍보설명회 개최한다고 플래카드 붙여놨네!
짓습니다.
사(주)
건설
그런데, 시공자 선정관련 법이 제 · 개정되기 전에 수의계약으로 시공자도 뽑고 개별로 방문해서 선물도 주고 한 건 어떻게 돼? 소급해서 처벌받아야 되는 거 아냐?
주택재개발사업의 시공자 선정은 「시공자선정기준」 시행일인 2006. 8. 25 후 최초로 추진위원회 승인을 얻은 분부터 적용하도록 되어 있기때문에 법위반은 아니라고 볼수 있어.
저런. 사업을 빨리 시작했으면 좋았을 걸. 아.깝.다.

(2) 시공사 선정 총회

- ○○구역 시공자 선정총회 개최장소 -
- 개최일자 : ○○년 ○월 ○일 - ○○구역 주택정비사업조합
경
축
아이고~ 정신도 없고 힘들어. 다른 구역들은 건설회사가 직접 와서 서면결의서를 받아간다던데, 우리 구역은 이 노인네보고 왜 꼭 직접 오라고 하냐.
아유 어머니, 그런 소리 마세요. 건설회사들이 서면결의서를 악용해서 음성적으로 매표행위를 하던 잘못된 관행을 없애기 위해서 건설업자 등 관련자는 총회의 시공자 선정에 관하여 서면결의서를 징구할 수 없도록 『정비사업의 시공자 선정기준』으로 딱 정해 놓았다구요.
그리고 또 총회는 조합원 과반수가 직접 참석해야 의사를 진행할 수 있도록 되어 있어요. 그래서 조합원이 정관에 따라 서면으로 의결권을 행사할 수는 있지만, 직접 참석자의 수에는 포함되지 않지요.
○○동 주거수준을 한단계 높이는 아 파트를 짓습니다.
○○건설회사(주)

경
- ○○구역 시공자 선정총회 개최 -
- 개최일자 : ○○년 ○월 ○일 - ○○구역
○○구역 조합원여러분, 시공자 선정은 우리구역의 사업추진 및 조합원님들의 권익과 직결되는 매우 중요한 사항입니다.
얼마나 중요했으면, 국토해양부장관이 고시한 「시공자선정기준」에 조합원 과반수가 직접 참석한 경우에 진행할 수 있도록 했겠습니까? 건설업자 기호별로 설명이 끝났으니, 지금부터 나오셔서 신중히 투표해 주시기 바랍니다.
기표소
기표소
계약도 총회에서 같이 해요?
시공자 선정과는 별도로 이루어지는 것이 보통인데요. 계약할 때도 총회의 의결을 거쳐야 해요.
공사계약 체결방식은 법에 어떻게 나와 있어?
공사계약 체결방식은 법에 규정되어 있지 않아. 보통 시공자의 개발이익 참여여부에 따라 지분제와 도급제로 나뉠 수 있어.
지분제는 조합원지분을 우선 결정하고 나머지는 모두 시공자의 지분으로 하는 것이고, 도급제는 시공자가 공사에 따른 도급공사금액만을 가져가고, 나머지는 모두 조합의 손익으로 하는 방식이야.
시공자가 만약에 중간에 부도나면 어떻게 하지? 걱정이네.
그래서, 『도시 및 주거환경정비법』에 보면 공사의 시공보증을 위하여 시공보증서를 조합에 제출하도록 되어 있고, 시장 · 군수는 착공신고 받을 때 시공보증서 제출여부를 확인하도록 되어 있어요. 다행이죠?

8. 재개발 · 재건축사업 설계도인 사업시행계획의 인가

(1) 사업시행계획의 의의

……?
어르신, 사업시행 계획서 작성을 위해서 현황측량을 실시할 텐데 잠시 실례하겠습니다.
……?
근데, 이보게. 사업시행계획서가 뭔가? 꼭 작성해야 하는 건가?
간단히 말씀드리자면, 건축물 및 정비기반시설 등을 위한 설계도이면서, 그 설계도면대로의 시공을 위해 필요한 이주대책, 세입자주거대책 같은 각종 계획을 말해요.
뭐야? 저번에 총회할 때 보니 조감도까지 다 나와 있던데, 무슨 또 설계도 작성이야?
…!
……
총회때 보신 조감도는 개략적인거구요. 이번에 작성하는 게 진짜 사업시행 계획서예요. 이걸로 사업시행 인가 신청도 하고, 그래야 새집 짓기 위한 공사에 들어갈 수 있거든요.

그-으-래? 그렇다면 사업시행인가 신청할 수 있게 어서 빨리 측량해 주게.
그게... 어르신, 토지 및 건축물의 권리자와 세입자 조사도 해야 하고, 지금처럼 국?공유지 점유현황 측량과 현황도로 측량도 해야 하고, 정비기반시설의 설치에 관하여 지방자치단체장과 협의도 해야 하고...
....
이런 각종 조사자료 등을 기초로 사업시행계획서를 작성한 후에 교통영향평가, 건축심의, 환경영향평가 등 각종 평가를 먼저 거친 후, 법에 따라 토지등소유자 동의를 받은 후에 신청할 수 있어요.
뭐야?.. 아직 거쳐야 할 일이 많다 그거지?
음. 할 수 없지. 그럼, 온 김에 내껀 미리 사업시행계획인가 뭔가에 동의해 주겠네. 인감도장은 함부로 안 찍어주지만... 자! 인감도장 여기 있네.
저... 어르신, 그게. 사업시행계획의 동의는 반드시 조합총회에서 의결되어야 하고, 또한 서면의 형태가 되어야 해요.
이런 괘씸한 놈! 듣자듣자 하니- 그냥 신청하면 되지. 뭐가 그리 복잡해?
그게 어르신, 법과 정관이정하는 절차에 따라야 하는 지라....

(2) 사업시행인가를 위한 총회

성공적인 사업시행인가를 위한
조합 정기총회 개최
- 일시 : ○○년 ○월 ○일 - 장소 : ○○○ - ○○구역 주택정비사업조합
친애하는 조합원 여러분! 조합장 ○○○입니다. 성공적인 사업시행인가를 위한 정기총회에 이렇게 많은 조합원들이 참석하여 주셔서 감사드립니다.
지난 ○월 교통영향평가와 ○월 건축심의를 거치고, 평가 및 심의결과를 반영하여 사업시행계획서를 작성하였습니다. 사업시행계획서에 대하여 설계자가 설명하는 것을 잘 들으시고, 앞에 놓인 서면동의서에 주저하지 마시고 꾸욱- 인감도장을 찍어 주시기 바랍니다.
- 정기총회 안건
1. 사업시행계획서 결정 동의의 건
2. 조합정관 변경의 건
3. 조합수행업무(이사회 및 대의원회 의결사항 포함) 추인의 건
4. 임·대의원 선출 및 인준의 건
5. ○○년 예산(안) 승인의 건

〈 ○○구역 주택정비사업조합 사업시행계획서 〉
1. 토지이용계획(건축물배치계획 포함)
2. 정비기반시설 및 공동이용시설의 설치계획
3. 임시수용시설을 포함한 주민이주대책
4. 세입자의 주거대책 5. 임대주택의 건설계획
6. 건축물의 높이 및 용적률 등에 관한 건축계획
7. 정비사업의 시행과정에서 발생하는 폐기물의 처리계획
7의 2. 교육시설의 교육환경 보호계획(정비구역으로부터 200m이내 교육시설이 있는 경우
8. 시행규정(시장 · 군수 또는 주택공사등이 단독으로 시행하는 정비사업에 한함)
9. 시도조례가 정하는 사항
조합원 여러분 여러분이 뽑아주신 ○○건축사사무소 입니다.
고시된 정비계획에 따라 법에 의해 작성한 ○○구역 주택정비사업사업시행계획의 내용을 말씀드리겠습니다. 사업시행계획서의 내용에는 건축물 배치계획을 포함한 토지이용계획, 정비기반시설 및 공동이용시설의 설치계획......

사업시행계획서를 책자로 나눠주면 되지, 꼭 총회에 나오라 그러지?
여기다가 인감도장 찍으면 되지?
응, 거기 맞아.
법에 사업시행인가 신청전에 총회개최하여 조합원과반수의 동의를 받도록 되어 있어요. (시행일: 2009.8.7)

(3) 사업시행인가 신청
OO구청
건 축 과
OO구역 조합장님, 어서 오십시오. 그런데, 무슨 서류를 그렇게 많이 갖고 오세요?
우리구역 사업시행인가 신청을 하러 왔습니다.
....
여기 사업인가신청서를 작성하고, 첨부서류로 정관 및 토지 등소유자의 동의서와 토지등 소유자의 명부(주택재건축사업의 경우 제외), 사업시행계획서를 첨부했습니다.
....
그리고 수용 또는 사용할 토지 또는건축물의 명세 및 소유권외의 권리의 명세서(주택재건축 사업의 경우 천재지변 등불가피한 경우 구청장이 긴급히 정비사업을 시행할 경우만 해당), 인허가의 의제를 받고자 하는 경우 해당법률이 정하는 서류...
....
.. 등 나름대로는 모든 서류를 완벽히 첨부했습니다.
....
저... 언제쯤 승인이 나겠습니까?

우선 지방자치단체의 공보 등에 공고하고, 관계서류의 사본을 14일 이상 일반인이공람하게 합니다. 특히 주택재개발사업은 토지등 소유자에게 공고내용을 통지합니다.
?…!
공람 또는 통지받은 조합원등 이해관계인이 30일이내 서면으로 의견을 제출하면 심사하여 채택할 필요가 있을시는 채택하고, 아닐 때는 사유을 알려줍니다.
그 다음에는요?
의제되는 인·허가 등에 해당하는 사항이 있는 경우 미리 관계행정기관의 장과 협의합니다. 관계 행정기관의 장은 협의를 요청받은 날부터 20일 이내에 의견을 제출하도록 되어 있습니다.
헉! 의제되는 인·허가 사항이라면, 1. 주택법에 의한 사업계획의 승인 2. 건축법에 의한 건축허가 및 가설건축물 허가 또는 신고 3. 도로법에 의한 도로공사시행 허가 및 도로 점용허가 등 한두가지가 아닌 텐데...
너무 걱정하지 마십시오. 법이 정한 절차와 기간에 따라 공정하고 최대한 신속히 처리해 드리겠습니다.
그러믄요. 말씀만으로도 고맙습니다.
OO구청 건축과
조합장님, 살펴 가십시오~
에휴~ 쉽게 넘어가는 게 하나도 없구나...

(4) 사업시행인가후 후속절차 및 변경
선생-님!
사업시행인가 승인이 났다면서요?
네, 사업시행인가서 여기에 있습니다. 또한 법에 따라 공보에 고시도 해 놓았습니다.
그럼 이제 뭘 해야 되나요?
이제 권리배분단계가 시작된 겁니다. 즉, 사업시행인가 고시가 있는 날부터 21일 이내에 토지등소유자에게 통지하고, 일간신문에도 고시하여, 토지등소유자의 분양신청을 받아야 합니다. 이를 기초로 관리처분계획을 작성하셔야 되거든요.
사업시행인가까지 났는데, 뭘~ 그것 쯤이야..
그리고, 이제 구체적으로 설계도를 실현하기 위해 여러 가지 후속조치도 하셔야 되요. 조합원 또는 토지등소유자 이주대책, 소유권의 이전을 거부하는 자들을 수용 또는 매도청구소송으로 배제시킬 것 등 하실 일이 많지요.
그-럼요, 당연히 해야지요.
끄덕끄덕
아참, 고시일부터 20일이내 회계감사 받으셔야 하는 것도 잊지 마시구요.

근데 앞으로 인가받은 내용을 변경할 일이 생길 텐데, 그땐 어떻게 해야 하나요?
지금까지 사업시행인가 받으셨던것처럼 변경도 모든 절차를거치도록 되어 있습니다.
오~NO! 안돼-
하지만, 경미한 사항을 변경할 때에는 시장?군수에게 신고하기만 하면 됩니다.
휴우- 경미한 사항은 모든 절차를 거치지 않아도 된다니 정말 다행이다.
그런데, 경미한 사항이란 구체적으로 어떤 내용을 말하죠?
우선 몇 가지만 말씀드리겠습니다.
.....
경미한 사항이란, 1.정비사업비를 10%의 범위안에서 변경하는 때. 2.건축물이 아닌 부대 · 복리시설의 설치규모를 확대하는 때 (위치가 변경되는 경우 제외) 3.대지면적을 10% 범위안에서 변경하는 때.... 등입니다.

9. 재개발사업시 반대하는 자들의 재산권 박탈, 토지수용

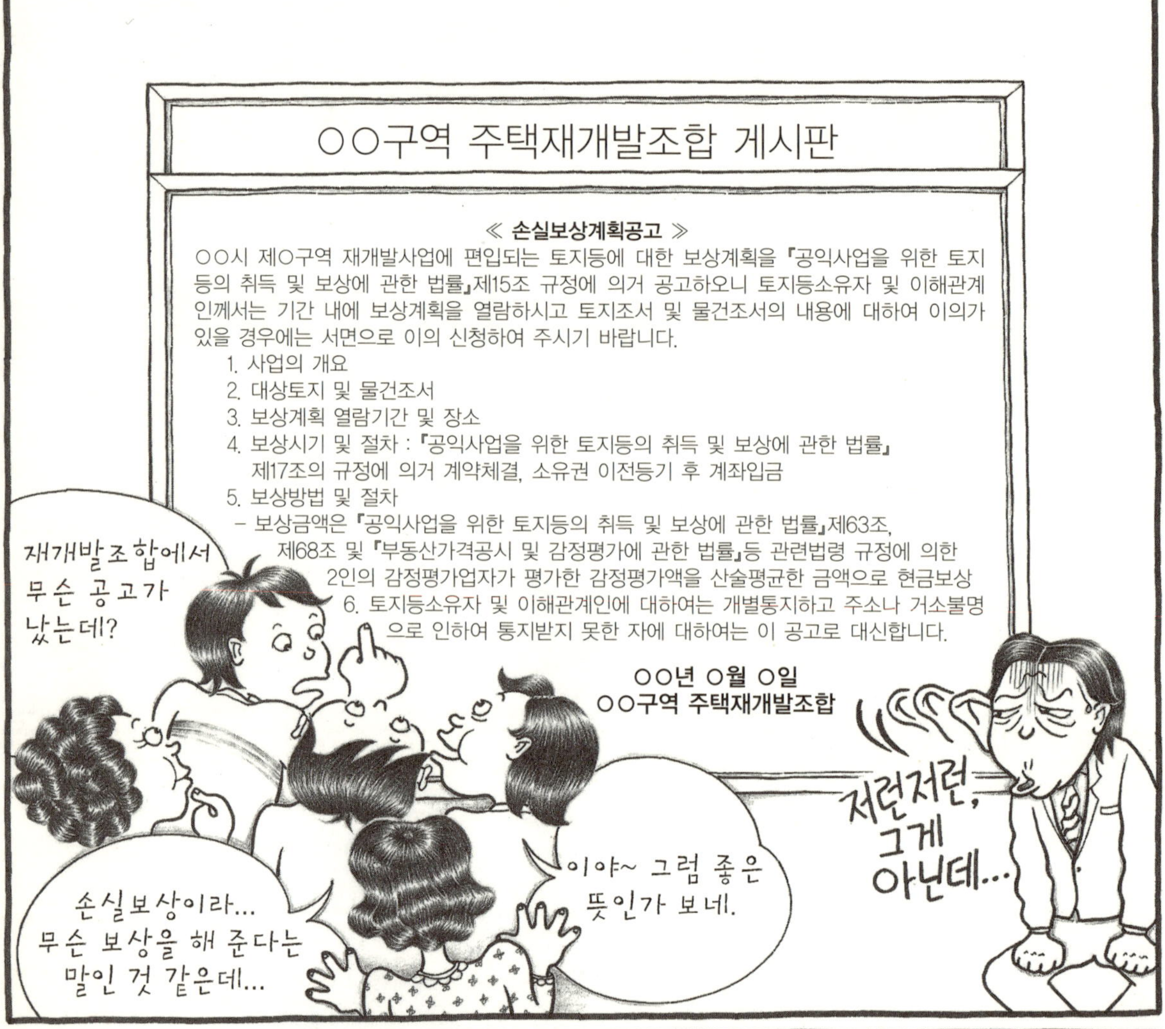
○○구역 주택재개발조합 게시판
≪ 손실보상계획공고 ≫
○○시 제○구역 재개발사업에 편입되는 토지등에 대한 보상계획을 『공익사업을 위한 토지등의 취득 및 보상에 관한 법률』제15조 규정에 의거 공고하오니 토지등소유자 및 이해관계인께서는 기간 내에 보상계획을 열람하시고 토지조서 및 물건조서의 내용에 대하여 이의가 있을 경우에는 서면으로 이의 신청하여 주시기 바랍니다.
1. 사업의 개요
2. 대상토지 및 물건조서
3. 보상계획 열람기간 및 장소
4. 보상시기 및 절차 : 『공익사업을 위한 토지등의 취득 및 보상에 관한 법률』 제17조의 규정에 의거 계약체결, 소유권 이전등기 후 계좌입금
5. 보상방법 및 절차
- 보상금액은 『공익사업을 위한 토지등의 취득 및 보상에 관한 법률』제63조, 제68조 및 『부동산가격공시 및 감정평가에 관한 법률』등 관련법령 규정에 의한 2인의 감정평가업자가 평가한 감정평가액을 산술평균한 금액으로 현금보상
6. 토지등소유자 및 이해관계인에 대하여는 개별통지하고 주소나 거소불명으로 인하여 통지받지 못한 자에 대하여는 이 공고로 대신합니다.
○○년 ○월 ○일
○○구역 주택재개발조합
재개발조합에서 무슨 공고가 났는데?
손실보상이라... 무슨 보상을 해 준다는 말인 것 같은데...
이야~ 그럼 좋은 뜻인가 보네.
저런저런, 그게 아닌데...

? ?
?
?
저, 저합원 여러분! 그런 뜻이 아닙니다. 전혀 그런 말이 아니예요.

?!?
!!
이 공고는 분양신청을 하지 않거나, 분양신청을 철회한 자, 관리처분계획에 분양대상에서 제외된 자에게 현금 청산을 하고 토지를 강제로 취득한다는 말입니다. 사업시행자는 정비사업을 위해 필요한 경우토지수용을 할 수 있도록 법에 규정되어 있거든요.
뭐라구? 분양을 받지 못하면, 지금까지 살던 곳에서 돈 받고강제로 나가야 된단 말이잖아.
우이씨- 군사시절도 아니고, 너무한 거 아냐?
오해예요. 오해! 그렇지 않아요. 헌법에 보면, 모든 국민의 재산권을 보장하면서, 예외적으로 『공공필요』라는 공익이 존재할 때 법률로써 그 소유권을 박탈하고 이에 대해 정당한 보상이 지급하라고 되어 있어요. 재개발사업은 공공개발사업이라고 볼 수 있기에 이런 규정이 있는 겁니다.
그래도 만약 적정한 보상이 이루어지지 않았다고 생각해서 끝까지 조합에 반대하고 협의를 안해 주면 어떻게 돼죠?
『공익사업을 위한 토지등의 취득 및 보상에 관한 법률』에 따라 사업시행자인 조합이 수용재결신청을 하면, 설사 반대한다 하더라도 사업시행자에게 보상금의 지급 또는 공탁을 조건으로 토지수용이 이루어지게 됩니다. 물론 수용재결에 불복한다면 중앙토지수용위원회에 이의신청을 할 수 있고, 행정소송도 할 수 있습니다.
행정소송이니, 이의신청이니 서민들이 하기가 어디 그리 쉽나?
웅성
웅성
그러게 말이야. 무슨 법이 그런 법이 있지?
웅성
다들 이해가 다 되셨겠지? 역시 난 설명을 잘해.

10. 재건축사업의 원활한 추진을 위하여 조합원의 소유를 조합으로, 신탁등기

……
할멈, 조합에서 신탁등기 신청 하라고 하니까 등기부등본 발급받아 와요.
신탁등기?
영감, 신탁등기가 뭔데등기부등본을 발급받아 오라고 해요?
말 그대로야. 조합원들의 재산을 조합에 신탁(信託), 즉 재산을 맡기는 거야. 재건축사업이 완료될 때까지 한시적으로 맡기는 거지.
영감, 떼라니 떼러가긴 하겠지만, 『도시 및 주거환경정비법』과 국토해양부장관이 작성한 표준정관에는 『신탁등기』규정이 없는 것 같은데, 조합에서 왜 꼭 신청하라고 하죠?
우리 ○○구역 재건축조합 정관 제○조에 적혀 있어. 즉 조합이 알아서 필요시 자율적으로 하라는 거지.

그러니까 제 말은 법에도 규정되어 있지 않다면 신탁등기를 안해도 되는 거잖아요?
『도시 및 주거환경정비법』제정이후 재건축사업도 재개발처럼 준공인가후 『이전고시』하도록 규정되어 있어 굳이 신탁등기를 통한 소유권확보가 필요한가 생각도 들긴 하지. 그렇지만, 신탁으로 인해 조세를 절세할 수도 있고, 탈퇴 · 제명 조합원의 출자재산 청산이 용이하고, 청산절차 지연으로 인한 사업지연도 방지하는 등 여러가지 면에서 조합업무에 유리하기 때문에 지금도 재건축사업장은 대부분 신탁등기를 실시하고 있어.
그렇다면, 재개발사업도 당연히 신탁등기가 있겠죠?
재개발사업은 조합설립인가를 받으면 토지등소유자는 무조건 조합원자격을 갖게되기 때문에 예전부터 신탁등기가 없었어. 해서 지금도 재개발사업장은 여전히 신탁등기를 하지 않는 경우가 많아.
그런데, 신탁등기는 규정에도 없는데 시기는 언제죠?
보통 조합설립인가후 사업시행인가 신청을 준비하면서 하거나 사업시행인가후 조합원 이주 시작할 때 이주비 근저당권 설정등기와 동시에 하는 경우가 있지.
이런.. 빨리 도망가야겠군.
영감, 신탁등기가...
할멈... 나 경로당에 갔다 올게.
응. 그렇다고 볼 수 있어...
영---감! 그러니까 다른 재건축사업장도 다 하고 있고 우리 OO구역 재건축사업에도 필요한 거니까 법에 없어도 하는 거다 그거죠?

11. 조합원들의 희망 분양평형 받기, 분양신청

여보! 조합에서 우편이 왔어요.
분양신청에 따른 안내문
조합원여러분!
가내 두루 평안하셨습니까?
우리 OO구역 주택정비사업이 OO년 O월 O일 사업시행인가를 득한 것은 다 아실 겁니다.
이로서 우리의 궁극적인 목표인 새롭게 지어진 아파트를 조합원님들에게 합리적으로 배분시키기 위한 권리배분의 단계에 드디어 돌입하였습니다.
바로
바로바로~
정비사업의 꽃!
관리처분계획을 수립할 단계가 된 것입니다.
해서 관리처분단계의 첫 절차인 분양신청의 통지를 이렇게 보내드리게 되었습니다.
『도시 및 주거환경정비법』에 보면, 사업시행인가의 고시일로부터 60일 이내에 분양공고와 통지를 하고, 그 통지한 날부터 30일~60일 이내로(관리처분계획 수립에 지장이 없을 경우 20일 연장가능)분양신청을 하셔야 합니다.
분양신청을 하지 않거나 분양신청을 철회하는 조합원님들은 『도시 및 주거환경정비법』제47조에 의해 현금청산하오니 이점 양지하시어 반드시 기일을 지켜 신청해 주십시오.
음.. 분양신청을 하라고 통지온 거야.
그래요? 그런데 여보, 보통 아파트 분양공고 할 때 보니까 분양가가 나오던데 얼마로 적혀 있어요?
정비사업에 따른 분양신청은 토지등소유자인 조합원에게 배분하는 것이기 때문에 조합원 부담금액이라고 하는 거야.

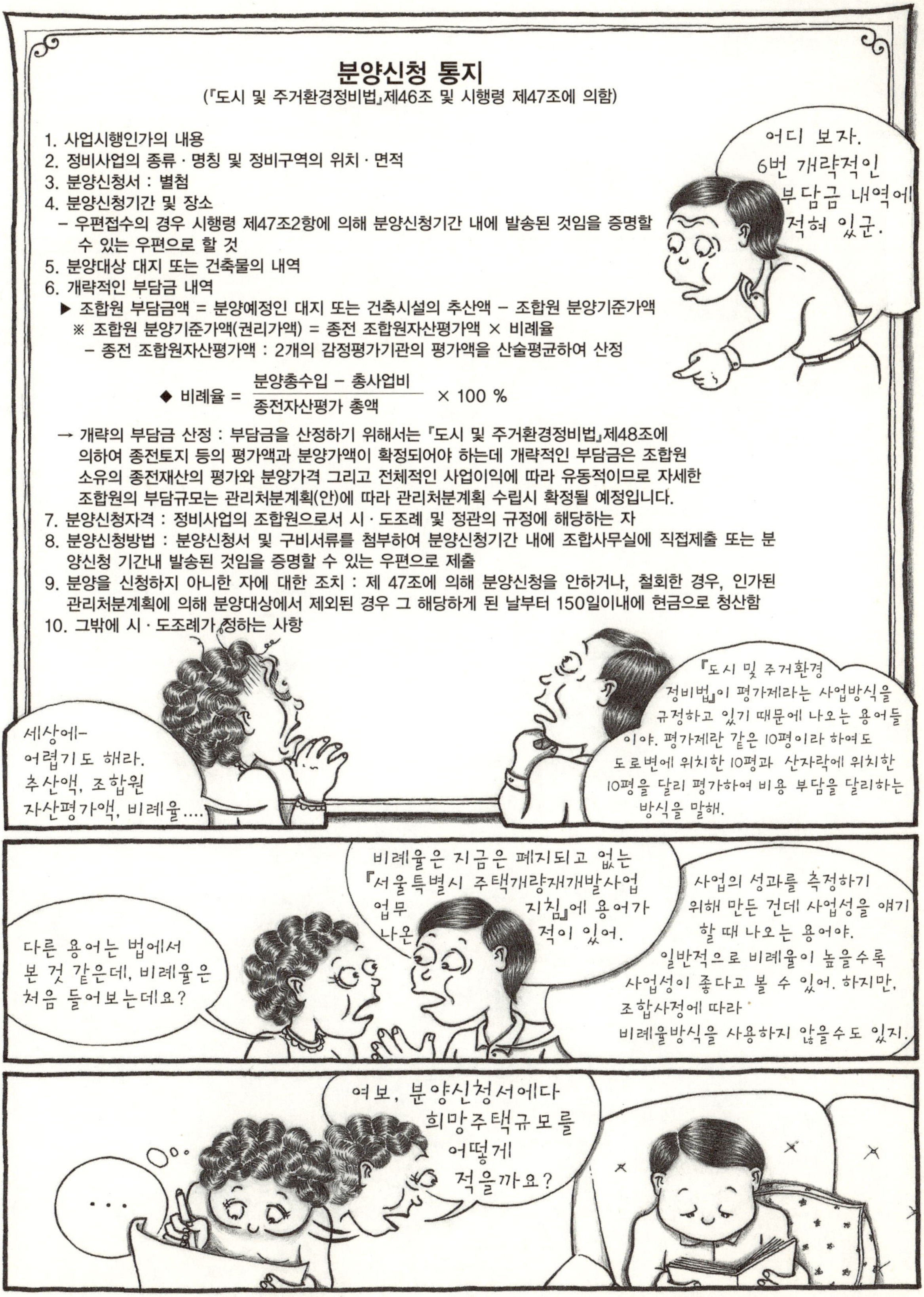

분양신청 통지

(『도시 및 주거환경정비법』제46조 및 시행령 제47조에 의함)

1. 사업시행인가의 내용
2. 정비사업의 종류 · 명칭 및 정비구역의 위치 · 면적
3. 분양신청서 : 별첨
4. 분양신청기간 및 장소
   - 우편접수의 경우 시행령 제47조2항에 의해 분양신청기간 내에 발송된 것임을 증명할 수 있는 우편으로 할 것
5. 분양대상 대지 또는 건축물의 내역
6. 개략적인 부담금 내역
   ▶ 조합원 부담금액 = 분양예정인 대지 또는 건축시설의 추산액 − 조합원 분양기준가액
   ※ 조합원 분양기준가액(권리가액) = 종전 조합원자산평가액 × 비례율
   − 종전 조합원자산평가액 : 2개의 감정평가기관의 평가액을 산술평균하여 산정

$$◆ 비례율 = \frac{분양총수입 - 총사업비}{종전자산평가 총액} \times 100\ \%$$

→ 개략의 부담금 산정 : 부담금을 산정하기 위해서는『도시 및 주거환경정비법』제48조에 의하여 종전토지 등의 평가액과 분양가액이 확정되어야 하는데 개략적인 부담금은 조합원 소유의 종전재산의 평가와 분양가격 그리고 전체적인 사업이익에 따라 유동적이므로 자세한 조합원의 부담규모는 관리처분계획(안)에 따라 관리처분계획 수립시 확정될 예정입니다.

7. 분양신청자격 : 정비사업의 조합원으로서 시 · 도조례 및 정관의 규정에 해당하는 자
8. 분양신청방법 : 분양신청서 및 구비서류를 첨부하여 분양신청기간 내에 조합사무실에 직접제출 또는 분양신청 기간내 발송된 것임을 증명할 수 있는 우편으로 제출
9. 분양을 신청하지 아니한 자에 대한 조치 : 제 47조에 의해 분양신청을 안하거나, 철회한 경우, 인가된 관리처분계획에 의해 분양대상에서 제외된 경우 그 해당하게 된 날부터 150일이내에 현금으로 청산함
10. 그밖에 시 · 도조례가 정하는 사항

어디 보자. 6번 개략적인 부담금 내역에 적혀 있군.
세상에- 어렵기도 해라. 추산액, 조합원 자산평가액, 비례율....
『도시 및 주거환경 정비법』이 평가제라는 사업방식을 규정하고 있기 때문에 나오는 용어들이야. 평가제란 같은 10평이라 하여도 도로변에 위치한 10평과 산자락에 위치한 10평을 달리 평가하여 비용 부담을 달리하는 방식을 말해.
다른 용어는 법에서 본 것 같은데, 비례율은 처음 들어보는데요?
비례율은 지금은 폐지되고 없는 『서울특별시 주택개량재개발사업 업무 지침』에 용어가 나온 적이 있어.
사업의 성과를 측정하기 위해 만든 건데 사업성을 얘기할 때 나오는 용어야. 일반적으로 비례율이 높을수록 사업성이 좋다고 볼 수 있어. 하지만, 조합사정에 따라 비례율방식을 사용하지 않을수도 있지.
...
여보, 분양신청서에다 희망주택규모를 어떻게 적을까요?

12. 종전자산을 새로 조성되는 자산으로, 관리처분계획

(1) 종전 및 분양예정 자산의 평가

?...!
아까 방문한다고 전화드렸던 감정평가사입니다. 어르신 토지 및 건축물의 가격을 매기기 위해 오늘 이렇게 보러 왔습니다.
자네, 당연히 조합에서 보낸 감정평가사겠지?
아니예요. 법에 보면, 시장 · 군수가 2인 이상의 감정평가업자를 추천하도록 되어 있어요.
이런 이런... 조합원 평형배정은 대지크기나 건물크기로 확정되는 것이 아니라 평가액이 많은 순으로 큰 평형이 배정되고, 분양신청을 하지 않은 사람에게는 산정액이 높게 나와야 보상가도 높기 때문에 감정평가가 엄청나게 중요한데..
그래서, 어떻게든지 높은 가격을 받으려면 조합에서 직접 감정평가사를 선정해야 유리한데 말이야.
그래도 요즘 집값이 많이 올랐기 때문에 그나마 다행이구만.
어르신, 평가 기준일은 오늘이 아니라 사업시행인가의 고시일을 기준으로 가격을 매깁니다. 해서 사업시행인가일까지의 지가상승분은 반영되지만, 이 이후에는 가격이 아무리 많이 올랐다 해도 사업으로 인해 오른 부분을 반영해서 평가하지는 않아요.
뭐야? 저런~ 낭패군.
그래 평가는 어떤 식으로 하는가
정비사업은 공공사업의 성격이라서 『공공용지의 손실보상에 관한 특례법』에 따라 평가하는데요. 『부동산가격공시 및 감정평가에 관한 법률』에 의한 공인감정평가사 2인 이상의 평가결과를 산술평균해서 결정하게 되어 있어요.
분양예정 자산평가도 똑같이 하는가?
비슷하긴 해요. 분양예정 대지 또는 건축물의 추산액 또한 가격공시법에 의해 공인감정평가사 2인 이상이 평가한 금액을 산술평균해서 산정하거든요. 하지만, 재건축의 경우에는 의무가 아닌 선택사항이예요.
이보게- 우리집 가격 잘 좀 매겨주게. 딱 보면 알겠지만, 우리 구역에서 우리집만큼 야무지게 지은 집도 없다네.
아..예, 참고하도록 하겠습니다.

(2) 관리처분계획의 수립

○○구역 조합사무실
관리처분의 전제조건인 조합원별 분양신청도 받았고, 종전토지 등의 평가작업도 했고, 분양예정대지 및 건축물의 평가도 완료되었으니 시장 · 군수의 인가를 받기위해 관리처분계획을 수립할 때가 되었습니다.
물어볼 걸 물어봐! 조합임원이 정비사업의 핵심이자, 꽃인 관리처분 계획의 뜻도 몰라?
토지소유자의 종전 토지와 건축물에 대한 권리를 새로 조성되는 대지와 건축물에 대한 권리로 변환시켜 주는 계획이잖아
조합장님, 관리처분계획이 뭐예요?
그래서 토지등소유자가 취득할 건축물과 대지지분이 얼마인지, 정산받을 금액 또는 납부하여야 할 금액이 얼마인지를 가늠할 수 있잖아.
감사 맞아?
서기
총무
감사
업체

○○구역 조합사무실
○○정비업체 정대리, 관리처분계획서를 수립하려면, 어떤 기준으로 해야 합니까?
몇가지만 말씀드리겠습니다. 1세대가 1이상의 주택을 소유하거나, 2인 이상이 1주택을 공유한 경우에는 1주택을 공급하구요, 투기과열지구 안에 위치하지 않는 재건축사업의 토지등소유자 등은 소유한 주택수만큼 공급할 수 있습니다.
일반적인 원칙이 『도시및주거환경정비법』에 나타나 있는데요.
재개발사업 및 재건축 사업의 관리처분계획의 방법과 기준은 ....여차저차
조합장
서기
감사

주택을 공급할 때의 기준은 어떻게 되어 있나요?
인가된 관리처분계획에 따라 토지등 소유자에게 공급하도록 되어 있는데, 임대주택을 건설하는 경우에는 임차인의 자격 · 선정방법 · 임대보증금 · 임대료 등 임대조건에 관한 기준 및 .....
조합장
서기
감사

○○구역 조합사무실
평형배정과 동 · 호수 배정은 어떻게 합니까?
일반적으로 동일규모의 경합이 있는 경우는 공개추첨을 하구요. 주택의 동 · 층 · 호 등의 위치결정은 주택규모별로 공개추첨, 동 · 호수 추첨은 관리처분계획 수립총회가 끝난 후 수기나 전산추첨을 하는 경우가 많습니다.
서기
???
법에는 나와있지 않구요. 조합총회 또는 정관에서 정한 바에 따릅니다.
잔여분은 임원님들이 다 아시다시피 일반분양을 합니다.
○○구역 조합사무실
조합장님, 말하자면 일반분양이 높을수록 조합원 부담이 적어진다고 볼 수 있지요.
...
정대리, 내 말이 맞지?
조합장
일반분양이라면, 조합원이 아닌 사람들에게 분양하는 것을 말하는 거죠?
네. 사업비용의 구성과도 연결되기 때문에 정비사업의 비용을 조달하기 위해 매우 중요한 사항이라고 볼 수 있습니다.
○○구역 조합사무실
자네, 질문하는 내용이 이제야 조합임원답군.
조합장
서기
또 물어볼까 말까? 에잇, 모르겠다. 궁금하건 못참아~
재개발 · 재건축 조합원에게 공급하고 남은 잔여부분이 20세대 이상인 경우에는 주택법의 규정을 따라 주택공급에 관한 규칙에 의해 입주자 모집공고승인을 받아 일반분양을 하구요.
그런데, 일반분양은 어떻게 공급하죠?
20세대 미만인 경우에는 적용법령이 없기 때문에 임의 분양할 수 있어요.

수립해야할 관리처분
계획의 구체적인
내용이 뭔가요?
분양대상자별로 분양예정 위치를
정하고, 적정분양가를 산정하는
분양설계,정비사업비의 추산액
및 그에 따른 조합원 부담규모
및 부담시기, 분양대상자와
현금으로 청산하여야 하는 자의
종전의 토지 또는 건축물에 관한
소유권 외의 권리명세 등입니다.
서기
『도시및주거환경정
비법』에 나타나 있는데요
관리처분계획수립,
정말 만만치
않겠는걸
임대주택은 꼭
건설해야
합니까?
사업시행인가를 받으려면
임시수용시설을
포함한 주민이주대책, 세입자의 주거대책,
임대주택의 건설계획 등을 포함한
사업시행계획서를 작성해서
제출하도록 되어 있습니다.
서기
재개발사업의
임대주택건설에 대하여
『도시 및 주거환경정비법』에서는
한편, 재건축사업은 재개발과는 달리
시도조례에 위임하지 않고 법에 직접
규정되어 있는데요. 이것은 중앙정부
에서 관리하겠다는 의미로 보아집니다
"관리처분계획
작성중 ~"
휴우~
어느 정도 작성을
하긴 했습니다.
어디 제대로 작성했는지
죽- 한번 볼까?
『도시 및 주거환경정비법』의 법령과
조합정관상의 기준과 일치하나?
자금운영계획을 합리적으로 했나?
분양대상자는 적법하나?.....
에고고-
관리처분계획 수립하다가
폭삭 늙은 것 같아요.
이제 조합총회와 공람절차만
무사히 잘 넘기면 됩니다.

(3) 관리처분계획의 총회의결

관리처분계획이 조합총회의 의결사항인건 알겠는데, 구청에 관리처분계획 인가 신청하기 전에 총회 개최 하는 것이 맞긴 한거야?
법에 시기가 명시되어 있지는 않지만, 인가 신청 전에 관계서류 사본을 30일 이상 토지등소유자에게 공람하는데, 공람하려면 조합총회의 의결로 관리처분계획안이 결정되어야 하니까 공람이전에 총회의결을 해야 하는 것으로 볼 수 있지.
수립된 관리처분계획을 보니 자산평가액은 너무 적고, 부담금은 높고...
저, 조합장님! 종전 자산 평가액이 너무 적은 것 아닙니까?
조합이 조합원을 대표하는 기구라면 마땅히 감정 평가액의 부당함을 주장해야하는 것 아닙니까?
이래서야 사업이 되겠어요? 차라리 관리처분계획 수립을 뒤로 미뤄요.
감정평가기관은 사업성에 많은 영향을 끼치기 때문에 공정성을 위해 조합이 아닌 관할 지자체에 의해 선정되는 것이니 조합원님들의 이해를 부탁드립니다.
미룬다고 해도 조합원 부담금은 변함이 없고, 오히려 공사비 상승 등으로 손해를 볼 수가 있습니다.

- 관리처분총회 개최 -
경
- 일시 : ○○년 ○월 ○일
- ○○구역 주택정비사업조합
축
관리처분총회 결과, 총 조합원 ○명 중 현장참석자 ○명과 서면결의서 제출자 ○명을 포함 총○명이 참석하셨고, 찬성○표, 반대○표, 무효 ○표로 찬성으로 통과되었습니다.
조합원님들의 성원에 뭐라고 감사의 말씀을 드려야 할지... 향후 세부일정은 관리처분계획을 30일간 공람후 구청에 인가신청하고, 주택규모 배정 및 동 · 호수 추첨 등으로 진행될 예정입니다.

⑷ 관리처분계획안(案)의 공람 및 의견청취

○○구역 주택재개발조합 게시판
제○구역 주택정비사업조합 관리처분계획수립에 대한 공람공고
1. ○○시 고시제○호(○○년○월○일)로 구역지정고시 되고, ○○구○호(○○년○월○일)로 조합설립 인가되어, ○○고시 제○호(○○년○월○일)로 사업시행인가 고시된 제○구역 주택정비사업조합이 조합정관 제○조 및 제○조 규정에 따라 조합원 임시총회(○○년○월○일)에서 관리처분계획수립이 결의된 바,
2. 도시및주거환경정비법 제48조(관리처분계획의 인가등) 규정의 관리처분계획 인가를 받고자, 같은법 제49조(관리처분계획의 공람 및 인가절차등)제1항 규정에 따라 관리처분계획 관계서류를 토지등의 소유자에게 공람합니다.
3. 제○구역 주택정비구역내 토지등소유자는 공람기간내에 관리처분계획에 대한 의견서를 제○구역 주택정비사업조합 사무실로 제출할 수 있으며, 기타 자세한 사항은 당 조합(☎○○-○○○)으로 문의하시기 바랍니다.
○○년 ○월 ○일
금호제18구역 주택재개발정비사업조합
조 합 장 엄 경 석
헉! 총회 통과도 했는데 람기간이 30일간 이나 되다니! 뭐가 이렇게 기냐?
그러게. 그럼 뭐 공람기간 중에 관리처분계획 인가 신청하면 되겠네.
에끼- 이놈아, 그걸 말이라고 하냐? 당연히 안되지. 법에 분명히 인가신청 전에 공람을 하라고 되어 있잖아.
어? 사업시행계획의 공람절차는 상세히도 적혀 있더니 관리처분계획은 공람하라고만 되어 있지 어떻게 공람하는지는 없네?
어쨌든 사업시행계획 때와 똑같은 절차로 공람하면 돼. 요지와 공람장소를 일간신문에 공고하고, 재개발사업의 경우에는 통지까지 해야 되지.
사업시행계획의 공람절차는 시장 · 군수 · 구청장이 진행하지만, 관리처분계획의 공람절차는 사업시행자인 조합이 하기 때문인 것 같아.

(5) 관리처분계획의 인가와 고시

○○구청
건 축 과
수고들 하십니다.
○○구역 조합장입니다.
우리구역 관리처분계획인가
신청하러 왔습니다.
관리처분계획인가
신청서에 법에 따라
수립한 관리처분계획서와
총회의결서
사본…
자, 여기 있습니다.
최대한 빨리 처리하면
언제쯤 인가가
나겠습니까?
인가신청하신 날부터
30일이내에 인가여부를
결정해서 알려 드리도록
하겠습니다.
이야~ 별다른 일이 없는
한 30일이내엔 결정이
나겠구나.
인가가 나면 공보에
고시를 할 겁니다.
고시가 되면 조합에서는 분양
신청을 한 자에게 관리처분계획
인가내용을 알려줘야 합니다.
그러믄요.
법에서 하라는 건데
당연해 해야지요.
그런데,…
벌써부터 관리처분계획
수정할 일이 생기고
있는데, 변경하려면
어떻게 해야 되죠?
관리처분계획의 변경은 옛 계획을
폐지하고 새로운 계획의 수립하는
것이라 수립하는 절차를 다 거쳐야
하는 것이 원칙입니다.
뭐라구요?
절차를 다 이행해야 한다면…
총회개최, 공람, 통지 등을
다 실시해야 된다는 말이잖아요?
하지만, 계산착오 · 오기 · 누락 같은
이해관계인의 권리변동이 거의 없는
경우에는 총회결의,공람,통지 등 절차는
생략하고 저희에게 신고만 하시면 됩니다.
조합장님, 안녕히 가십시오.
연락드리도록 하겠습니다.
휴우- 어쨌든
다행이다.
그런데, 경미한 변경만
생기게 되지는 않을 텐데…

⑹ 관리처분계획 인가의 효과

관리처분계획이 인가되고 나니 새집에 들어갈 생각에 좋기도 하고, 부담금 생각하니 걱정도 되고…
이제는 이사도 가야 되고, 그동안 정들었던 집을 철거도 하겠죠?
정비부동산
재개발 매매
경- ○○구청 관리처분계획 인가 -축
인가일자 : ○○년 ○월 ○일 - ○○구역 주택정비사업조합
재개발길
과일
건물 철거하는 것만 해도 시간이 많이 걸리겠네. 계획 수립하면서 건물철거도 병행하면 안되요?
물어보나마나 당연히 안되지.
계획서를 찬찬히 보니까 이거이거 분양대상자와 분양가액 등에 도저히 동의할 수 없는데, 인가까지 났으니 어쩌지? 무작정 조합사무실에 가서 누워버려?
왜냐하면, 건축물이 일단 철거되면 다시 되돌리는 것이 불가능하고 정비사업을 중단할 수 없기 때문에, 이해관계인을 보호하기 위해 법에서는 반드시 철거이전에 관리처분계획을 수립하도록 되어 있거든.
관리처분계획이 확정되기 전이라면 「총회결의무효 확인소송」 등을 제기할 수 있지만, 인가되었으니 취소소송을 제기해야 해.

13. 토지등소유자의 대체 주거지 마련 등, 이주대책

어휴~ 우리 집만 이사하는 줄 알았는데 온 동네가 이사간다고 난리네요.
응. 얼마전 관리처분계획 인가 나고 주민이주계획에 따라 올겨울 안에 이사해야 된다고 해서 그런 거야.
이사가는 것도 미리 계획을 수립해야 하는거야?
당연하지, 얼마나 중요하다구. 기존건물을 철거해서 공사에 들어가려면 주민들이 다 이주를 해야 하기 때문에 법으로 사업시행자가 의무적으로 수립하도록 되어 있지.
하지만, 재건축사업은 조합원 각자의 동의에 의해 사업이 진행되기 때문에 이주대책을 세우지 않아도 되는 반면, 재개발은 타의에 의한 이주로 진행되고, 조합원과 세입자 모두가 영세하기 때문에 이주비 지급 · 주거대책비 등 이주대책수립을 의무적으로 세워야 해.
저 사람들 얘길 들어보니까 재건축은 자신이 알아서 이주해야 된다는 말이네?
응, 원칙적으로는 그래. 이주비 지원을 희망하는 조합원에게는 금융기관을 통해 지원이 가능하긴 하지만, 입주시까지 금융기관에 환불해야 해.
재개발사업의 이주대책은 법에 어떻게 하라고 되어 있어요?
일반적으로 조합원에게는 임대주택 등 임시수용시설에 수용하거나, 이주비의 지원을 희망하는 경우 조합이 직접 금융기관과 약정을 체결 또는 시공자와 약정을 체결하여 이주비를 지원받도록 할 수 있고, 세입자에게는 시 · 도 조례에서 정하는 바에 따라 임대주택을 공급하거나, 주거이전비를 지급하도록 되어 있지.

갈곳 없는 상인들의
생계의 터전을!
철거반대
생존권 사수!
"영업권
보장하라!
상인대책
수립하라!
대책없는 철거
결사 반대!
부동산
"철거반대!
상인들은 어디로
가란 말이냐?
저분들같이 임차하여
영업을 하던 분들은 원하는
대로 주거대책비나
영업손실을 보상받을
수 있어?
정비사업이 공공사업인 것은 알지?
그래서 정비사업에 지장이 되는 건물
등의 보상에 관해서는 『공익사업을 위한
토지 등의 취득 및 보상에 관한 법률』을 적용하게
되는데, 적법한 영업의 경우 영업의 휴폐업에
따른 영업이익 및 시설이전비 등을 평가하여
보상을 하지.
무허가 영업의 경우는
이를 영업으로
보지 않고 영업시설물의 매각이나
이전에 따른 손실에 대해서만
보상한다는 등 『공익사업을 위한
토지 등의 취득 및 보상에 관한 법률』에
따라 주거대책비나
보상을 하지.
그래도
조합원이 부당하다고
끝까지 버티고
이주하지 않으면
어떻게 될까?
재개발사업은 토지수용법이
적용되는 공공사업이라 토지수용재결이
떨어져 수용시기까지 조합이 공탁을 하면 토지
소유권이 조합소유가 되어 『행정대집행법』에
의한 대집행이나 조합이 소유권자로서 명도소송을
통해 강제 철거하게 되지.
재건축의 경우에는
조합원 전체에게
미치는 경제적, 시간적 손실을
법적인 소송을 통하는데 건물의
명도소송, 처분금지가처분,
손해배상청구소송,
매도청구소송 등을 하지.

제3단계 완료단계

1. 드디어 공사시작 – 철거 및 착공, 그리고 완공

위험
위험
드디어 철거되는군. 그런데 조합장, 철거신고는 했는가?
그럼요. 철거예정이 7일전에 시장 · 군수에게 벌써 신고한 걸요. 철거가 끝나고 나면, 등기소에 가서 일괄적으 멸실등기도 할 거예요.
시장 · 군수에게 착공신고도 했겠지?
물론이지죠. 대한지적공사에 경계측량 신청까지 했는걸요. 현지측량 끝나고 나면, 경계명시를 하고 공사안내문을 붙인 후에 공사 들어갈 거예요.
저, 철거하는 업체 조합총회 때 선정된 거 맞죠?
당연하죠. 혹시 조합총회 때 참석 안하신 것 아니시겠죠?

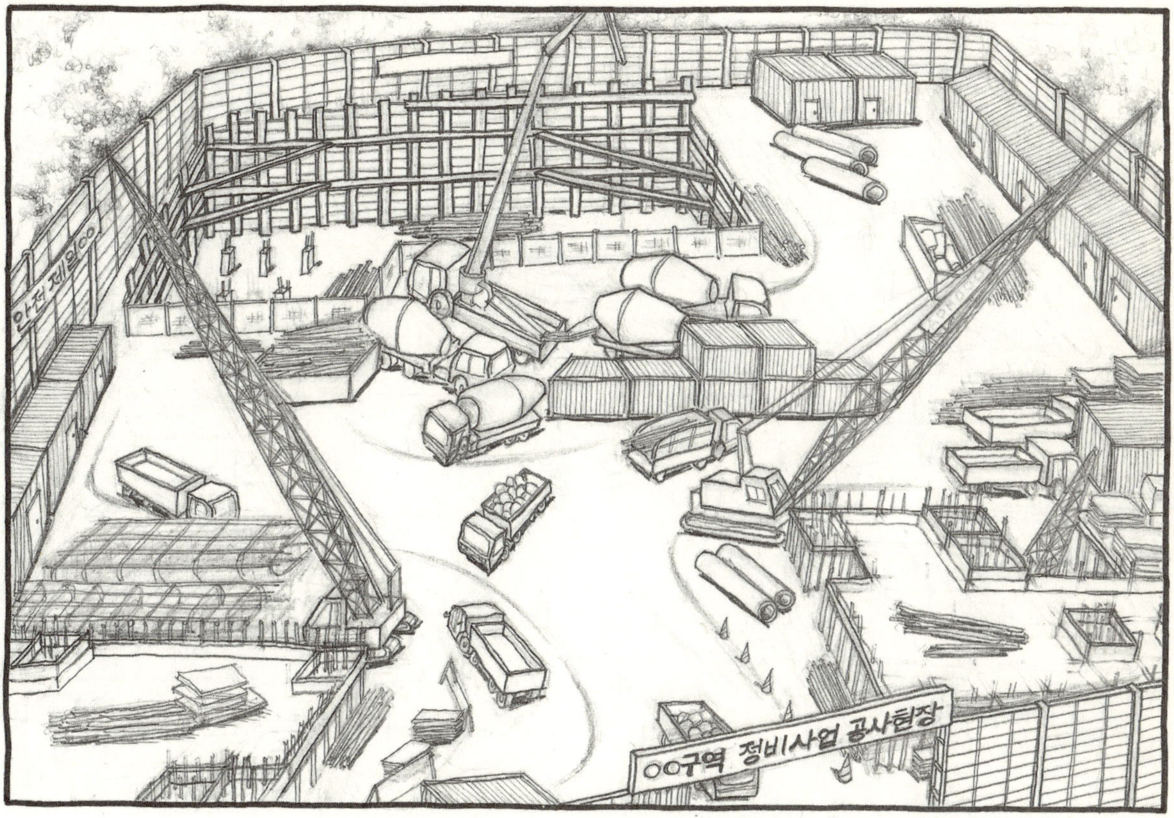

야호! 드디어 공사를 시작했어요!

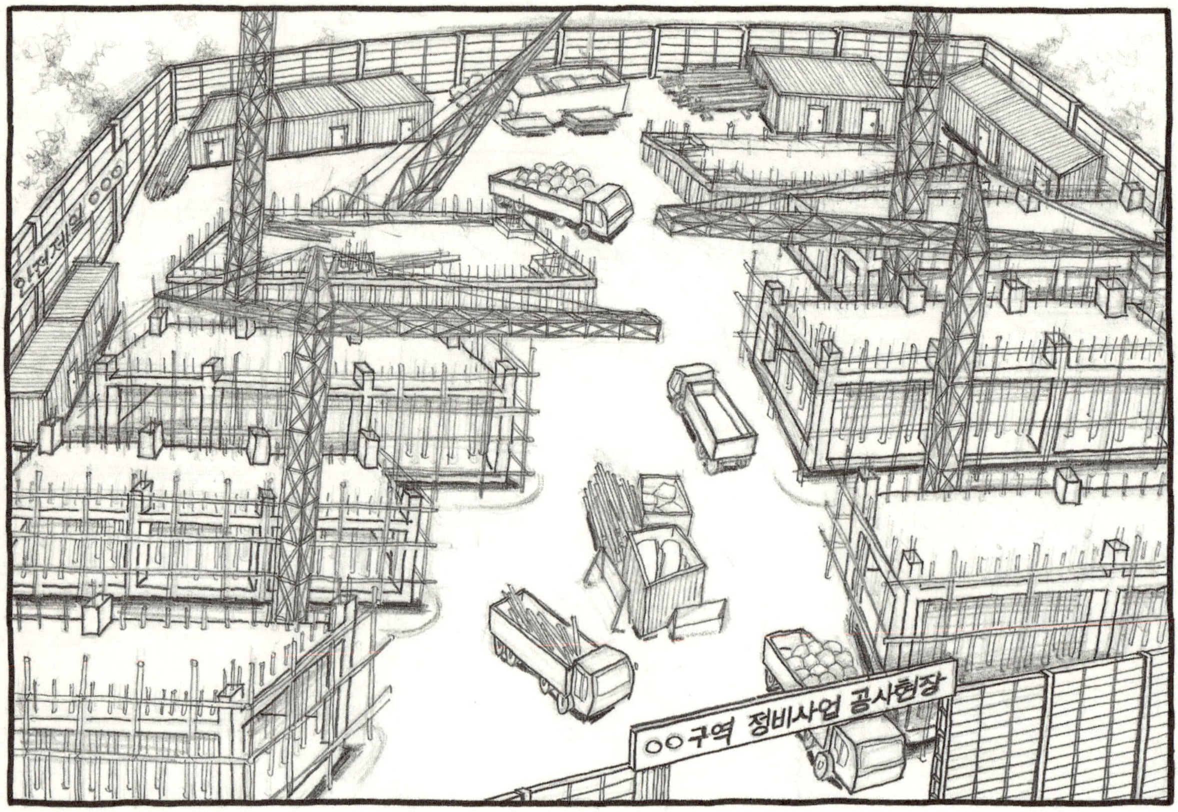
안전제일 ○○○
○○구역 정비사업 공사현장

뚝딱뚝딱... 열심히 공사중

이야! 어느정도 형태가 갖추어져 가요!

와우! 멋지다. 어느새 우리 아파트 공사 완성

2. 사업시행계획대로 시공되었는지 확인하는 준공인가

(1) 준공인가의 의의

이야,
막상 공사에
들어가니까
금방이네.
여기가 정말
옛날 우리동네 맞아?
여보게, 조합장
건물만 다 지으면
준공인가 신청할
수 있는 거지?
준공인가는 사업시행계획에서
정해진 바에 따라 정확하게
시공되었는가를 확인하는
행정청의 처분이예요.
건축물과 정비기반시설
설치가 완료되었으니
준공인가를 신청할 계획이예요.
준공인가를 어서
받아서
새집에 얼른
들어가서 살고 싶다.

(2) 준공인가의 신청

○○구청
건축과
어서 오십시오.
조합장님!
혹시 ○○구역
준공인가
신청하러 오신 건
아니신지요?
아니,
어떻게 그걸
아셨죠?
우리 시 · 군 · 구 대단지
주택정비사업장인데,
공사가 완료된 걸
모를 리가
있나요?
이번이 구청에
제출하시는
마지막 신청서가
되시겠네요.
자, 여기 준공인가신청서에
건축물 · 정비기반시설과 공동
시설 이용 등의 설치내역서,
공사감리자의 의견서
첨부했구요.
준공인가신청시 관계행정기관의
장과 협의하면 준공검사 · 인가
등을 받은 것으로 보니까 해당
법률이 정하는 관계서류도
이렇게 완벽하게 첨부했습니다.
준공검사하러 언제
나오실 껀가요?
법에 따라 지체
없이 준공검사를 실시할텐데요.
효율적인 준공검사를 위해 필요할 경우
관계행정기관 · 정부투자기관
· 연구기관 등 전문
기관 단체에 준공
검사 실시를 의뢰
할 수 있습니다.
외부기관에 의뢰하면
아주 전문적으로 보고,
시간도 오래 걸리
겠는걸. 그냥
공무원들이
검사해주면
좋겠는데..
준공검사후
사업시행계획대로 완료되었다고
인정되면, 준공인가를 하고 준공인가
증을 내어 드릴 겁니다. 그리고,
저희 지방 자치단체
의 공보에
고시도 할 겁니다.
되도록이면
외부기관에
의뢰하지 마시고
그냥 직접
검사하는
방향으로..
어쨌든, 잘
부탁드립니다.
법에 따라 최선을 다해
처리하도록 하겠습니다.
염려마시고
살펴 가십시오.
....

입주를축하드립니다.
새집으로 이사 오니까 좋다. 그치?
경
- ○○구청 준공인가 -
- 인가일자 : ○○년 ○월 ○일 - ○○구역 주택정비사업조합
축
이제는 행정관청의 준공인가까지 받았으니까 정비사업이 완전히 끝난 거겠죠?
끝나긴~ 중요한 게 남았지. 소유권 이전고시도 해야 하고, 등기도 해야 하고, 청산금 부과도 해야 하고...
헉! 아직 정비사업이 끝난 게 아니야?
정비이사 607-2424
이사 1543-

3. 새로 지어진 부동산을 분양받을 자에게 소유권 이전, 이전고시

○○구역 조합사무실
정비업체 정대리, 준공인가 고시까지 되었는데 이제 뭘 하면 되죠?
조합장님! 부연설명을 드리자면, 정비사업은 조합에게 일차적으로 토지 등의 소유권을 확보시킨 후 그 지상에 건축물을 건설하여 관리처분계획에 따라 조합원 등에게 배분하는 사업이잖습니까?
해서 정비사업으로 조성된 대지 및 건축물 등의 소유권을 관리처분계획이 정한 바에 따라 분양받을 자에게 이전할 때가 되었다는 말씀입니다.
조합장
서기
대지확정측량과 토지분할을 한 후 관리처분계획에서 정한 사항을 분양 받을 자에게 알려주고, 소유권을 이전해야 합니다.
?.??
○○구역 조합사무실
그러면, 소유권이전 절차는 어떻게 되죠?
사업시행자가 소유권을 이전하고자 때에는 지방자치단체의 공보에 고시한후 시장 · 군수에게 보고하도록 되어 있고, 이전고시 후에는 지방법원지원 또는 등기소에 지체 없이 등기촉탁 또는 신청해야 합니다.
조합장
서기
. . .
○○구역 주택정비사업조합고시 제○호
○○구역 주택정비사업조합 이전고시
1. ○○시 ○구 고시 제○호에 의거 공사완료된 ○○구역 주택정비사업에 대하여 도시및주거환경정비법 제54조제1항 규정에 의하여 소유권을 이전하고자 같은 법 제54조제2항의 규정에 따라 이전 고시합니다.
2. 관계서류의 사본은 ○○구역 주택정비사업조합 사무소에 비치하고 이해관계인에게 보입니다.
○○년 ○월 ○일
○○구역 주택정비사업 조합장 ○○○
가. 재개발사업의 명칭 : ○○구역 주택재개발정비사업
나. 시행구역 및 면적 : ○○시 ○구 ○번지 일대, ○필지 ○㎡
다. 시행자의 주소 및 성명 : ○○구역 주택정비사업조합
(조합장 : ○○○)
라. 관리처분계획인가일 : ○년 ○월 ○일
마. 이전내역
1) 대지 및 용도별 면적
2) 건축시설의 종류 · 규모 · 내역
3) 대지 또는 건축시설별 분양대상내역 및 소유권 이외의 권리의 종류 및 이전내역은 조합사무소에 비치함.
어이! 정대리, 구청 공보에 이전고시까지 했으니까 이제 등기하면 되겠네요?
네에! 이전고시가 되었으니 소유권변동의 시기로서 청산금절차를 개시할 수도 있게 되었네요.

4. 이전고시후 부동산 등기 실행절차, 도시 및 주거환경정비등기

등기야 뭐,
별게 있겠어?
서기
여러분 구역에서 뽑아주신
법무사 OOO입니다.
도시 및
주거환경정비등기란
이전고시 후 사업시행자가
『도시 및 주거환경정비법』과
부동산등기법이 정한 바에 따라
대지 및 건축물에 대한 등기를
법원 등기과 또는 등기소에 촉탁
또는 신청하고, 이를 등기관이
그 처분으로서 등기를 실행하는
일련의 절차를 말합니다.
OO구역 조합사무실
서기
뭐라고
하는겨?
아주 간단히 요약해서 말씀드릴께요.
『도시 및 주거환경정비법』은
재개발뿐 아니라 재건축까지
포함해서 규율하는 통합법이기 때문에
등기절차도 대법원규칙으로 위임해서
『도시 및 주거환경정비등기처리규칙』을
제정했고 재건축과 재개발 등기가
동일한 등기절차규정에 따릅니다.
OO구역 조합사무실
등기종류가
진짜~
많기도 해라.
서기
감사
즉, 이전고시에 따른 종전건물과
토지에 대한 말소등기와
새로운 건축시설과 대지에 대해
소유권보존등기를 할거구요.
해당 등기의 신청권자를 대신해서
신청하는 대위등기를 할 건데요.
그 대상은 부동산의 표시변경 및
경정등기, 등기명의인의 표시변경
및 경정등기, 소유권보존등기,
상속에 의한 소유권이전등기가
있어요. 그리고...
OO구역 조합사무실
그래도 조합장인데
어떻게든정비
등기에 대해
정확히
알아야 해..
파~
서기
감사
법무사
질문이 없으신
걸 보니
다 알아들으셨나봐.
내가 설명을
너무 잘했나?

5. 분양받은 부동산과 종전 부동산과의 가격차이, 청산금의 부과

새집으로 이사까지 했는데, 아직까지 조합에서 우편 올게 있나봐요?
어디보자. 청산금 부과한다고 통지가 왔군. 청산금이란 분양받은 자가 종전에 소유하고 있던 토지 또는 건축물의 가격과 분양받은 대지 또는 건축물의 가격사이에 차이가 있는 경우 차액에 상당하는 금액을 말해.
부과된 청산금 안내면 안되나?
청산금은 강제 징수의 절차에 의해 이행이 강제돼요. 그래서 시장 · 군수에게 청산금의 징수를 위탁할 수 있고, 청산금을 지급받을 자가 받을 수 없거나 거부한 때에는 청산금을 공탁할 수 있게 되어 있어요.
청산금은 부과되면 무조건 강제적으로 내야하는 거예요?
아니. 소멸시효가 있어. 이전 고시일 다음날부터 5년간 청산금의 권리를 행사하지 않으면 소멸되지.
청산금 부과가 너무 과도하게 나온 것 같아요. 제가 계산해 볼 때는 이 정도밖에 안나오는데.
청산금부과 처분취소 소송을 해야겠구나.

6. 기나긴 사업의 완료, 조합의 해산

- ○○구역 제○차 대의원회의 -
개최일자 : ○○년 ○월 ○일
○○구역 대의원여러분! 이렇게 대의원회를 소집하게 된 이유는 아시다시피 여러분들의 협조에 힘입어 드디어 새아파트를 무사히 건축하고, 소유권이전고시, 청산금부과까지 완료하는 등 모든 과정을 완료하였기에 조합 해산을 결의하고자 이렇게 오늘 모이시라고 한 겁니다.
조합설립 땐 총회개최하고 그 난리더니 조합해산땐 이렇게 조용히 대의원회에서 결의해도 되나? 아무래도 뭔가 찜찜한데?
조합의 해산은 법에 보면, 대의원회를 소집하여 해산을 결의하도록 되어 있어. 또한 조합의 합병 또는 해산에 관한 사항을 조합정관에 따로 정하여 시행하도록 되어 있지.
조합해산도 행정청의 인가 같은 거 받을 것 같은데... 그런것 없나?
표준정관에 보면 준공인가를 받은 날로부터 1년이내에 이전고시 및 건축물 등에 대한 등기절차를 완료하고 총회를 소집하여 해산을 의결하도록 되어 있고, 조합이 해산의결을 한 때에는 해산의결 당시 임원이 청산인이 되고, 청산에 관한 업무 등 필요한 사항은 민법에 따르도록 되어 있지.
『도시 및 주거환경정비법』은 해산에 대한 인가제도를 두고 있지 않아.

V. 그 외 궁금해 하실만한 내용들

1. 그래서 재개발과 재건축의 차이가 뭐죠?

재개발현장
...?
재건축현장
...?
으~ 괴로워.
헌집을 부수고 아파트로
다시 짓는 것은
재건축이나 재개발이나
마찬가지인데...
도대체 어떻게 다른 거야?
...!
재개발과 재건축의
차이를 결정적인 한 단어로
구분하여 말하자면
"정비기반시설이 있느냐
없느냐"입니다. 정비기반
시설의 차이에 의해
시행방식 등 여러
부분에서 많은
차이가 있어요
정비기반시설이 잘 갖추어져있는
재건축의 경우는 건축물의
노후만이 문제가 되지만
정비기반시설이 열악한 재개발은
도시기능의 문제라서 주택
소유자만의 문제로만
볼 수 없지요.
다음 표를
보시겠어요?

재건축
재개발
도시및주거환경정비법이전
어느 정도 경제적 능력이 있는 노후 · 불량주택 소유자들이 자발적으로 조합을 결성해 새로 주택을 짓는 민간주택 건설사업이었어요.
우리 힘을 모아 재건축 하자!
불량 주택이 밀집돼 있고 낙후된 지역을 '도시의 건전한 발전을 위해 새로 정비하는 공익성을 띤 공공의 도시계획사업이예요
조합설립인가와 사업계획승인 두 행정처분만 통과하고, 토지수용, 관리처분계획, 분양처분 같은 권리관계를 공법적으로 확정하거나 변동시키는 행정처분이 존재하지 않았지요.
전체 도시기능 차원의 사회문제, 국가 문제라고 보고, 행정기관이 '공공성' 과 '강제성' 을 띠고 펼치는 사업이었지요.
음… 이 달동네를 정비해야 겠군.
개인재산을 다루므로 공공적인 성격이 없어, 규제정책을 많이 썼어요.
안전진단 통과못하면 재건축 못합니다.
우리처럼 매우 다양한 면적의 땅이나 집을 소유한 사람들이 모여 있었고, 공익성을 띤 사업이라 활성화정책을 많이 썼어요.
도시및주거환경정비법이후
도로, 상하수도 같은 기반시설은 양호한데 건물이 노후불량되어 실시하는 사업이라, 정비기반시설은 그대로 둔 채 건물만 새로 짓는 거예요.
도로, 상하수도 같은 기반시설도 열악하고 노후불량건물도 밀집한 지역을 개선하기 위해 시행해요.
재개발과 같은 공법의 통제를 받게 되었지만, 옛날에 시행되었던 안전진단 등 규제제도가 그대로 시행되고 있어요.
개발의 필요성 자체가 기반시설의 확충을 위해 계획된 사업이라 지역적인 특색조차 변경할 수 있어요.
우리처럼 늙고 아픈 아파트단지에서 많이 시행하지.
우리처럼 늙고 아픈 단독주택지에서 많이 시행되지.

2. 인감증명서를 첨부한 동의서를 제출할 때는 이때 입니다.

재개발 하는데 꼭 필요해서 그럽니다. 인감도장과 인감증명서 준비해 주세요.
추진위원회 설립하려면 인감도장을 찍은 동의서를 구청에 제출해야 합니다. 이번주까지 내 주세요.
이놈 사기꾼 아냐? 한두 번도 아니고 동의서를 왜 자꾸 내라고 해?
어르신, 저희가 요구하는게 아니라 법에서 요구하고 있는 겁니다.
뭐라구? 안그래도 제출할 때마다 불안한데, 왜 법에서 몇 번씩이나 동의서를 제출하라고 해?
주민의 전 재산인 토지와 집으로 사업을 하는 것이니 얼마나 중요하겠어요? 그래서 주민이 직접 정비사업에 찬성하는지 단계마다 의사를 확인해야 하고, 또 동의했는지도 확인해야 하기 때문일 거예요. 물론 공무원이 소유자 전원을 일일이 대면해서 확인하면 좋겠지만, 그건 불가능하잖아요.
그-으-래?
그러니까 오히려 토지등소유자의 재산을 보호해주기 위한 법률적인 보호장치라고 생각하시고 정비사업에 찬성하신다면 안심하고 제출하셔도 돼요.

그러니까 재개발 · 재건축 근거법인 『도시 및 주거환경정비법』에서 동의서를 제출하라고 한 때는 이 때다 이거지?
네.
1. 구역지정 제안
지방자치단체의 정비계획수립 시기가 1년이상 늦어지는 경우 토지등소유자는 대통령이 정하는 바에 따라 정비계획의 수립에 대한 입안을 시장 · 구청장에게 제안할 수 있어요. (시행일: 2009.8.7)
2. 추진위원회 동의
토지등소유자의 과반수의 동의를 얻어 추진위원회를 구성하여 시장 · 군수의 승인을 얻어요.
3. 조합설립의 동의
주택재개발사업의 추진위원회가 조합을 설립하고자 하는 때에는 토지등소유자의 4분의 3 이상의 동의를 얻어 시장 · 군수의 인가를 받아야 해요.
4. 사업시행계획서의 동의
사업시행자는 사업시행인가를 신청하기 전에 미리 총회를 개최하여 조합원 과반수의 동의를 얻어야 해요. (시행일: 2009.8.7)
단계마다 제출할 필요 없이 한꺼번에 미리 제출하면 안되나?
그렇죠? 안그래도 서면동의서 제출시 인감증명서를 종전에 제출한 경우에는 첨부하지 않을 수도 있다는데 동의서도 이참에 넉넉하게 한 10장 한꺼번에 내는 것이 어때요?
이놈들이 미친게야? 정비사업을 왜 단계별로 절차를 시행하도록 했겠냐? 단계별로 주민의 이해관계가 미치는 중요 사항은 총회를 개최해서 의견수렴을 거치라고 한거 아니겠냐? 그러니 단계마다 일정율 이상의 동의의무로 개개인의 동의서를 받도록 한 건데, 일괄적으로 받자니!

3. 정비기반시설 비용의 부담은 누가?

새로 지은 우리 아파트 어때? 정말 좋지? 이 동네가 이렇게 변하다니 정말 신기하지 않아?
그래. 정말이네. 그런데, 너희는 정비사업비 분담내역이 어떻게 돼?
응? 정비사업비가 뭐야?
도로, 상하수도, 공원, 공용주차장, 녹지, 하천, 공공공지 등 주요 정비기반시설 설치비용 말이야.
도로 설치 같은 정비기반시설 비용을 조합원이 내야 해?
에구.. 정비사업비 내역도 모르고 납부했겠네. 정비사업비는 사업시행자가 부담하도록 되어 있어. 하지만, 주민의 부담을 덜어주도록 시장 · 군수가 전부 또는 일부를 부담할 수 있도록 해 놓았지.
뿐만 아니라 부담금관리기본법에 의한 각종 부담금과, 광역교통시설부담금, 하수도법에 의한 원인자 부담금 등 관련 법률에 의한 부담금도 냈을 거야.
어쩐지... 재개발 하면 돈버는 줄 알았는데.. 내가 추가부담금을 얼마나 낸 줄 알아? 재개발 · 재건축은 공공사업이라더니 사업시행자인 조합에게 모든 사업 비용을 다 부담하라고 하고. 너무해!
재개발 · 재건축을 공공사업이라고 한 건 행정계획에 의해 서민에게 주택을 공급하고 무질서한 주거 환경을 정비하겠다는 공익목적을 가졌다는 것이지, 정부가 직접 모든 정비사업을 하는 건 아니잖아.
사업의 시행자로서 시공사와 조합이 공사도급계약을 체결했으면, 당연히 공사도급계약을 체결한 조합이 공사대금을 지불해야지.
듣고 보니 그렇긴 하네. 그래도 그렇지.
궁시렁 궁시렁~

4. 앞으로 계속 풀어야할 숙제, 세입자대책

"세입자도 인간이다!"
"생존권 보장하라!"
"엄동설한에 어디로 가란 말이냐!"

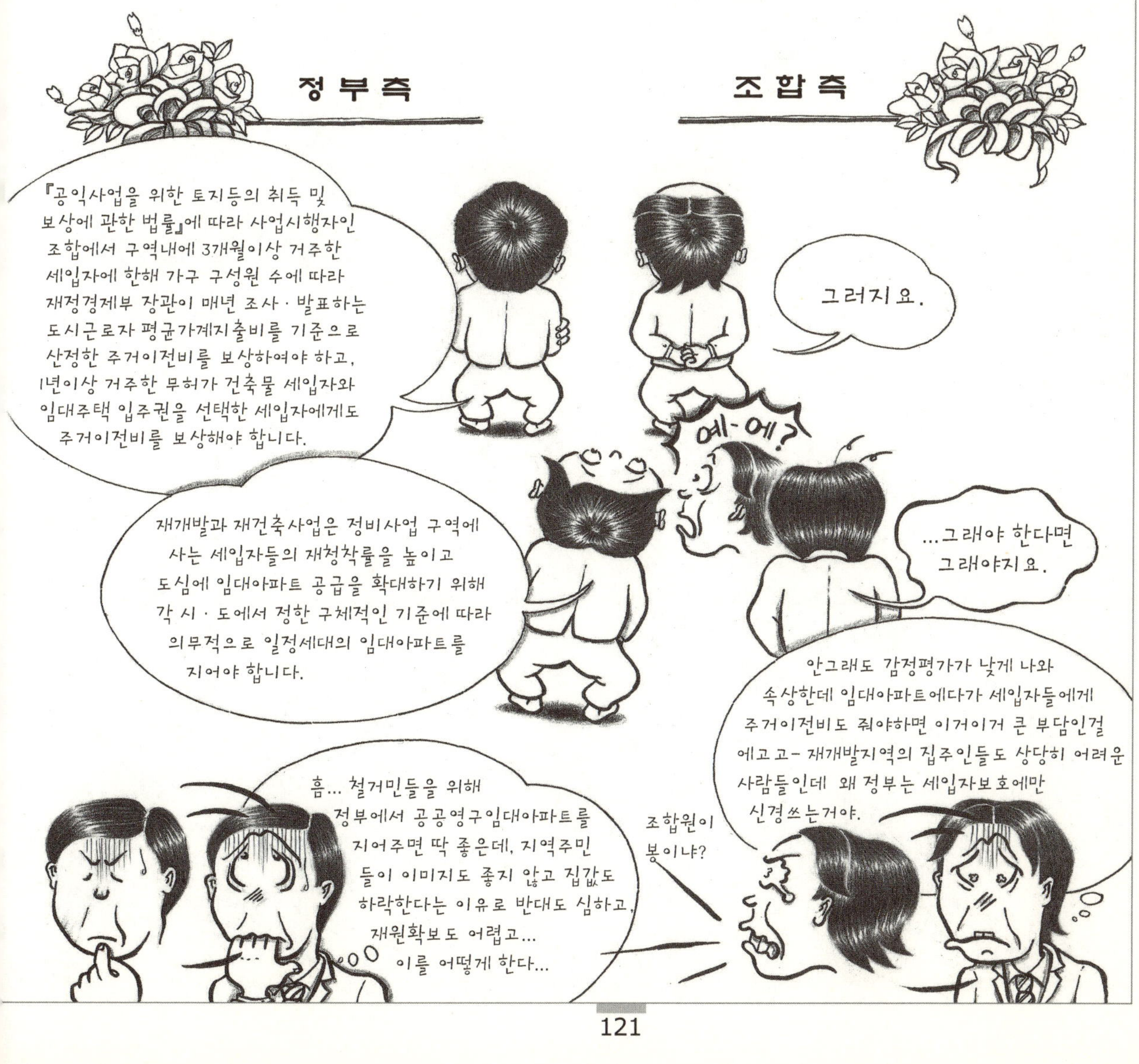

정부측
조합측
『공익사업을 위한 토지등의 취득 및 보상에 관한 법률』에 따라 사업시행자인 조합에서 구역내에 3개월이상 거주한 세입자에 한해 가구 구성원 수에 따라 재정경제부 장관이 매년 조사 · 발표하는 도시근로자 평균가계지출비를 기준으로 산정한 주거이전비를 보상하여야 하고, 1년이상 거주한 무허가 건축물 세입자와 임대주택 입주권을 선택한 세입자에게도 주거이전비를 보상해야 합니다.
그러지요.
예-에?
재개발과 재건축사업은 정비사업 구역에 사는 세입자들의 재정착률을 높이고 도심에 임대아파트 공급을 확대하기 위해 각 시 · 도에서 정한 구체적인 기준에 따라 의무적으로 일정세대의 임대아파트를 지어야 합니다.
...그래야 한다면 그래야지요.
안그래도 감정평가가 낮게 나와 속상한데 임대아파트에다가 세입자들에게 주거이전비도 줘야하면 이거이거 큰 부담인걸 에고고- 재개발지역의 집주인들도 상당히 어려운 사람들인데 왜 정부는 세입자보호에만 신경쓰는거야.
조합원이 봉이냐?
흠... 철거민들을 위해 정부에서 공공영구임대아파트를 지어주면 딱 좋은데, 지역주민들이 이미지도 좋지 않고 집값도 하락한다는 이유로 반대도 심하고, 재원확보도 어렵고... 이를 어떻게 한다...

5. 사업과정에서 나타나는 갈등 또 갈등

정비사업초기
정비사업은 누가 공짜로 해줍니까? 이 동네 사람들 다 하루하루 근근히 살아가는 영세민들인데 아파트 지을 돈내기도 어려울뿐더러, 지어진 아파트에 들어가서 살수 있는 사람들도 없어요. 어차피 외지인들에게 다 빼앗길텐데 그런 정비사업을 왜 합니까?
그러면, 우리만 계속 달동네로 있자는 말이예요? 이런 환경에서 아이들을 어떻게 키워요? 우리 동네는 위치가 좋아서 아파트 지어놓으면 부동산값도 많이 오를 테니, 당장은 힘들더라도 나중에는 돈번다니까요. 먼 장래를 내다보자구요.
다른곳 얘기 들어보니, 정비사업 하면 조합의 결정에 이의를 제기하기도 어렵고, 불합리해도 따라가야 된다고 합니다. 게다가 조합장과 임원들 잘못 뽑아놓으면 동네 싸움판 된다 합니다. 평화롭던 동네를 뭐할려고 싸움판 만들려합니까?
어떻게 우리 동네가 기본계획 수립때 정비구역에서 빠질 수가 있죠? 우리 동네가 얼마나 주거환경이 열악한지 와서 한번 보세요.
저희 동네 몇집들이 이번 재개발구역에 들어갔는데, 여기 온 저희집들은 그렇게 노후가 심하지도 않을뿐더러 저희들은 따로 건물을 신축하거나 리모델링 준비중에 있어요. 그러니 저희집들은 정비기본계획에서 제외해 주세요.

정비사업진행시
이 한겨울에 보상금 몇푼 쥐어주고 무조건 내쫓아도 되는 겁니까? 당장 먹고 살 대책은 세워줘야 할 것 아니요?
세입자대책 수립하라!
뭐? 사람이 버젓이 살고 있는데도 강제로 철거된다고?
세입자도
철거 반대
집있다고 다 부자입니까? 우리도 어려운 건 마찬가지고, 법에서 하라는 건 다 했습니다. 게다가 없는 살림에 이사비용까지 더 얹혀 드렸으니 제발 그만하시고 나가주세요.
버틴다고 철거 안하는 거 아닙니다. 강제로라도 철거됩니다.
온갖 비리를 저지르고 밀실로 일처리를 자행하는 조합장과 임원들을 더 이상 믿을 수가 없다.
조합장과 임원들은 양심적으로 자진 사퇴하라.!
다 우리 구역의 원활한 추진을 위해서 그런 겁니다. 또한 조합원들에게 알릴만한 사정이 못되어서 그런 것이니 우리 집행부를 믿고 이해해 주시고, 따라와 주십시요.
○○구역 조합사무실
....
조합에서 뭐하는 겁니까? 우리집 감정평가액이 어쩌면 이렇게 적게 나올 수가 있습니까?
정비사업 차라리 안 하는게 낫겠습니다. 동의철회 하겠소.

6. 계속되는 여전한 문제점

정비구역 지정된 후에도 아직까지 여전히 변함없는 우리동네...
주민들이 합의가 이루어지지 않아서 아직 추진위원회 구성도 못했어요.
절차가 어지간히도 복잡하고 어려워야죠. 주민들이래야 다 순진한 서민들인데 추진위원회 설립을 위해 서류작성하고, 동의 받고 하는 게 어디 그리 쉽나요?

현행법상 주민들인 조합이
사업시행에 따른 모든 권한을
행사할 수 있는 위치에
있다보니…
과일·반찬·채소
정비상회
도시환경개선,
녹지공간 확충…
다 좋지만 우리 전재산으로
하는 사업인데 그래도
개발이익이 먼저지.
그렇구 말구
정비리 3
이 자슥!
조합장과 임원으로
뽑아놨더니
자기 배만 채워?
내가 뭘
어쨌다고 이래?
에라이-
이 나쁜 놈아!

세입자대책 수립 후
세입자들의 반응
세입자도 인간이다! 생존권 보장하라
철거반대
철거반대
철거반대
철거결사반대
강제 철거 결사반대!
생존권 보장하라!
세입자보상 해당자에 속해 임대주택 입주권을 선택했지만 후회막심입니다. 다섯 식구가 사는데 임대주택 전용 면적이 고작 12평이라니요. 게다가 막막한 임대료 부담에, 또 입주할 때까지 어디에서 거주합니까?
벌어먹고 사는 곳이 이 동네인데 재개발하면 주수입원도 잃고 생활의 터전도 잃는데, 재개발 절대 반대입니다. 시행사에서 주는 이주비로 집을 구하라구요? 안그래도 재개발한다고 인근지역 전세값이니 집값이니 잔뜩 올랐는데, 어이구- 이 돈으로는 집 못구해요. 이주비니 임대주택이니 다 필요 없고 그냥 이곳에 계속 살게 해줘요.
무조건 재개발, 재건축을 할 것이 아니라 강제철거에 앞서 우선적으로 살곳을 마련해줘야 하는 것 아닙니까? 몇 푼 안되는 이주비용으로는 철거촌을 떠나서 살 곳이 없어요. 임대아파트에서 살라구요? 세입자들 대부분은 하루 벌어 근근히 생계를 꾸려나가는 일용직노동자들인데, 임대아파트 관리비 내기도 빠듯해요. 그런데 거길 어떻게 들어갑니까?
철거결사반
세입자도 인간이다!

우리 땅위에 지어진 집인데도
들어가서 살 수가 없어요.
저 아파트에 당시 동네사람들이 한 10%, 20% 들어가 살고 있나?
우리 사는 곳을 개선해 준다고 해서 동의해 주었는데, 집값도 비싸고 관리비 낼 능력도 없어서 할 수 없이 현금청산 받고 나와서 살고 있어요.

주거환경의 개선은
아파트만 있으면 다 되는 건가요?
저 아파트 단지는 근처에 학교도 없고, 시장도 너무 멀고...
저기는 아파트단지 옆에 뭐가 하나도 없냐? 과일하나 사려면 여기까지 나와야 해?
그래서 광역단위로 새로운 시가지를 조성하거 도시기반시설을 체계적으 확충하는 뉴타운사업을 새로이 도입하였다고 하는데요?